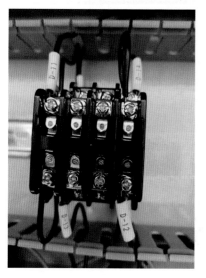

图 1-10　中间继电器设备接线照片

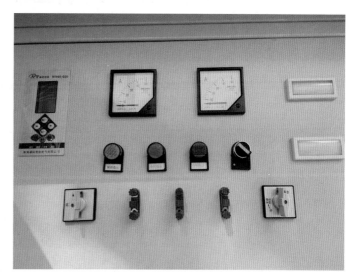

图 1-20　箱变高压受电柜仪表面板照片

图 2-13　箱变温度计照片

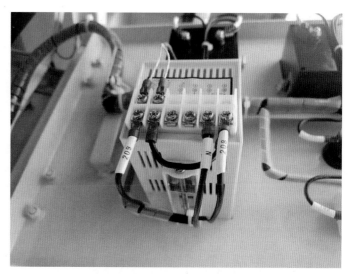

图 2-17　箱变温控器背板接线照片 1

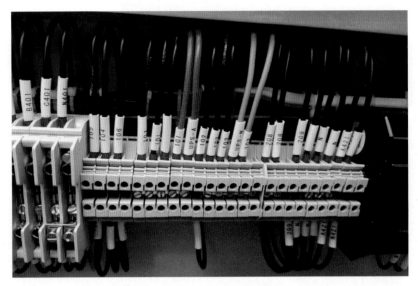

图 2-20　箱变低压侧端子排接线照片

图 2-27　电容补偿控制器接触器接线照片

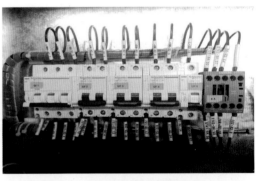

图 3-8　受电柜操作电源微断照片

图 3-13　转换开关 KK 接线照片

图 3-16　综保接线排照片

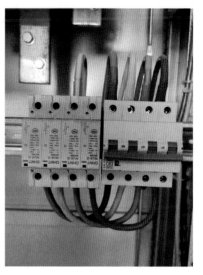

图 4-2　低压 SPD 接线示意

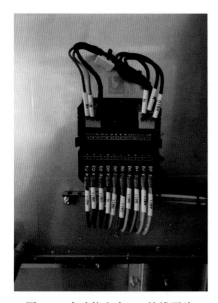

图 4-9　多功能电表 PM 接线照片 2

图 4-12　低压主进开关接线照片

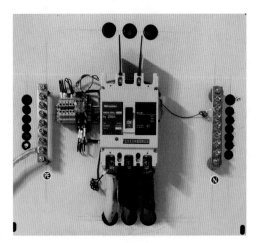

图 4-28　分励脱扣器接线照片

图 4-41　低压补偿案例 2 接触器接线照片

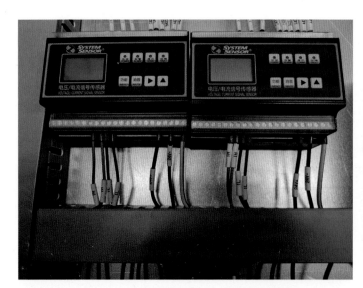

图 6-11　消防电源监控模块下口接线照片

图 6-28　CPS 二次原理案例照片 2

建筑电气常见二次原理图设计与实际操作要点解析

白永生　编著

机械工业出版社

本书为介绍建筑电气二次原理图与其实际接线的入门书。电气设计的本质，其实是二次原理的接线设计，但目前的电气设计师却恰恰越来越远离了这一核心技术，将其在电气设计图中出于种种原因而拱手让给了下游的盘厂或供电部门的技术人员。本书即在此背景下，作为一名有 20 多年电气设计经验的高级工程师，从行业发展的现状和电气工程师职业成长的社会责任出发，结合工程案例，共分 6 章对此进行了分析讲解。第 1 章介绍箱式变电站高压侧的二次设备图例、实物照片及基本原理等，为引入篇；第 2 章介绍箱式变电站低压侧二次原理图的设计及接线示意；第 3 章介绍固定式变电站高压侧二次原理图及接线示意；第 4 章介绍固定式变电站低压二次原理图的设计及接线示意；第 5 章介绍低压末端二次原理图设计实操，这部分更与施工图设计贴近，读者可能最感兴趣，也相对简单；第 6 章为消防报警二次原理图设计实操，单独拿出来，是因为消防的安全重要性越来越受到重视，同时基于人员安全的考虑，故独立设为一章。

本书适合于初入电气行业的设计及施工人员，对于相关专业的高校师生也有较好的学习和参考作用。

图书在版编目（CIP）数据

建筑电气常见二次原理图设计与实际操作要点解析/白永生编著 . —北京：机械工业出版社，2022. 9
ISBN 978-7-111-71218-3

Ⅰ. ①建… Ⅱ. ①白… Ⅲ. ①房屋建筑设备 – 电气设备 – 建筑设计
Ⅳ. ①TU85

中国版本图书馆 CIP 数据核字（2022）第 126277 号

机械工业出版社（北京市百万庄大街 22 号　邮政编码 100037）
策划编辑：薛俊高　责任编辑：薛俊高　刘　晨
责任校对：刘时光　封面设计：张　静
责任印制：任维东
北京圣夫亚美印刷有限公司印刷
2022 年 8 月第 1 版第 1 次印刷
184mm×260mm・12 印张・2 插页・262 千字
标准书号：ISBN 978-7-111-71218-3
定价：49.00 元

电话服务　　　　　　　　　网络服务
客服电话：010-88361066　　机 工 官 网：www.cmpbook.com
　　　　　010-88379833　　机 工 官 博：weibo. com/cmp1952
　　　　　010-68326294　　金　书　网：www.golden-book.com
封底无防伪标均为盗版　机工教育服务网：www.cmpedu.com

前　言

本书为介绍建筑电气二次原理图与其实际接线的专业入门书。多年以来，电气设计师对于二次原理图的绘制，一直是弱项，最近十年，设计单位甚至已不再要求完成该部分的设计，从设计的深度上就给予了放弃，只要求注明可参照图集及图集的索引即可。

造成这种现象的原因是多方面的，如设计周期太短，设计人员没有太多时间完成相应内容的学习，同时也没有时间完成相应内容的设计。在近十几年的缓慢堆积中，影响逐步严重起来，设计师既不看重，也故意回避这块难点，越远离，则越不会。随着老一代设计师的退休，过去师傅带徒弟式的传帮带其实出现了断层，再重新拾起这个技艺是有难度的。

另外，由于电气一次侧的设计内容太少，门槛相对很低，以至于房地产设计最火爆的时候，有的单位网管都改行做了设计。可想而知，技术能力的参差不齐实际更被放大了很多。

在后来的发展中，长期累计的负面作用效应还是出现了。当项目变少，建设方的要求变高时，设计人员才发现了自己知识的缺失，埋怨居多，很多人产生了迷茫，却不知道出路。此时设计师显然已经只是一个画图匠，而缺乏技术实力，因为早早把低压电气二次原理图的绘制交给了盘厂，高压电气二次原理图的绘制交给了供电部门，一步步的偷懒，导致现有设计的发展越来越受限。与其说画得千篇一律，还不如说终会被 VR 设计所替代。因为这种工作低端，完全展示不出技术含量和设计亮点。

好在这种职业危机并不是说明电气设计行业行将消失，而只是一种警告，迫使行业重新回到健康的发展轨道，也让设计师去重新拾起电气设计的本质，那就是二次图的原理。所以这是由画图匠到工程师的艰难一步，却是拯救自己必不可少的一步。

可惜的是，市面上这样的书籍并不多，因为有了图集，大家以为就懂了，看起来也确实不算太难。但实际上，等你看到真实的电气柜接线后，除了一次侧的内容或许能看明白，二次侧的接线基本上会是一头雾水。这时候所谓的懂，在没有专业基础的支持下，就没有了任何价值和意义，显得无力，这正是本书编写的意义和出发点。

这是一本基础的书，几乎都是大白话，目的就是帮助那些零基础的读者，通过阅读，也可以了解其中的逻辑关系，理解电气的控制原理。本来二次原理图的核心就是逻辑控制，一环套一环，如解决一个问题，就要从高压到低压，再到末端，会设计各种的因果关系，最后予以实现。第二是要贴合实际，配二次原理图、接线图及相关现场照片，尽量做到使读者如亲临现场，一一对应，让讲解变得直观。不只是用文字来说明，而是尽可能给出一目了然的现场图示。第三，这本书不展开太多的专业内容介绍，仅作为举一反三的砖头，扔出去，希望给读者一个启蒙式的阅读。其实有深度的二次原理图书籍市面上并不少，本书只是搭建一个桥梁，是站在施工图设计师的角度来看待二次原理，而不是从专业厂家的角度。如果未来读者还想深入了解，那么通过本书，就有了阅读其他书籍的基础知识。

本书分为6章，第1章从箱式变电站的高压开始，介绍箱式变电站的高压侧二次原理及接线示意，这部分是高压中最简单的内容，相对好理解，为引入篇，方便后面对于固定式变电站的学习；第2章接续箱式变电站的低压侧二次原理及接线示意，把一个系统进行完整地拆分，以降低阅读难度；第3章及第4章则进入更深一层，难度逐渐加大，介绍固定式变电站的高低压二次原理，这也是在箱式变电站基础上的升级和补缺，以使读者逐步完成对高压二次原理的认知；第5章为低压末端系统的二次原理图介绍，这部分更与施工图设计相贴近，读者可能最感兴趣，也相对简单；第6章为消防报警系统的二次原理图介绍，单独拿出来，是因为消防的安全重要性一再被提高，所以基于人员安全的考虑，本书也更加重视该内容，故独立设章。当然也对部分原理进行了删除，如考虑到消防巡检等功能的慢慢淡出，本书对于类似规范不再要求的内容没有涉及。

本书的案例尽量涵盖常见的二次图原理介绍，不钻牛角尖，太深入的内容不做介绍，保持一般的阅读强度即可，编写中尽量使讲解的内容简单直接，讲求实效性。本书适合于大中专院校的学生及初入电气设计行业的工程师。

白永生

2021年2月8日

目　录

第1章 箱式变电站高压侧二次原理图设计实操

1.1 箱式变电站一次侧介绍

1. 箱式变电站和固定式变电站

（1）箱式变电站相对简单，对于初学者来说更好理解，在了解之后再学习复杂一点的固定式变配电站如同跳板，就会容易许多。另外箱式变电站作为一种常见的供电形式，应用很广，也有其特殊之处，故单独成章，先介绍箱式变电站。

（2）图1-1为箱式变电站一次侧系统，通过第1章和第2章，将把该系统的10kV受电测及380V的受电测分为两大块来介绍，即常说的高压侧及低压侧，分界点为变压器的下口。

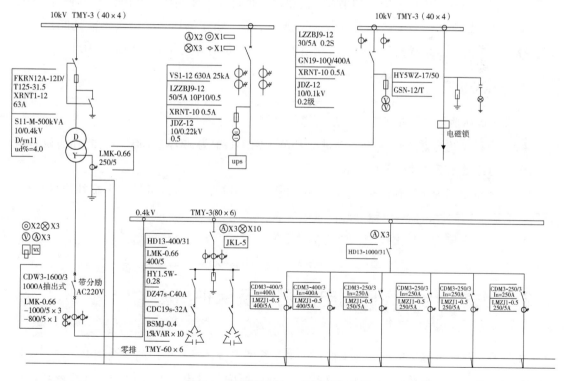

图 1-1　箱式变电站一次侧系统示意图

2. 箱式变电站构造

下面以 10kV 的箱式变电站构造为例进行讲解，见图 1-1。箱式变电站主要分为欧变与美变，美变由于没有变压器室、高压计量柜等，所以体积小，过载能力强，常采用油浸式变压器；欧变体积大，功能齐全，隔热、抗腐蚀等效果好，一般采用干式或油浸式变压器。

以欧变为例，由市政引来的单路 10kV 高压电缆至用户高压分界室负荷开关柜（如为美变则采用高压电缆肘型接头，采用熔断器保护），高压分界的负荷开关柜一般设置于露天或地下的高压分界室，再通过负荷开关柜引配电至箱式变电站高压室，高压室内采用负荷开关环网柜或固定式柜，设置计量及变压器短路保护，变压器室内设干式变压器（美变不单独设置变压器室），低压室内一般采用抽屉式配电屏，电缆下进下出，变压器附设温控器及降温风机。箱式变电站一般下设电缆夹层，进、出线方式为下进下出方式。本案例将从右向左、从上至下逐一展开进行讲解。

（1）最右侧为进线隔离柜，其内包含 10kV 隔离开关、带电显示器及电磁锁。图 1-1 中高压隔离开关为 GN19-10Q。

（2）中间为计量柜，根据供电单位要求来设置，也有要求设置于低压侧的情况。其内包含真空断路器、计量用电流互感器及电压互感器等。本例中高压计量和进线开关设于一面柜子内，图 1-1 中真空断路器为 VS1-12。

（3）最左边为高压出线柜，如果有分配要求，也可并入环网柜。其内包含 10kV 高压负荷开关、高压熔断器、高压接地刀闸及高压避雷器等。由于高压负荷开关不能切断短路电流，故需要与高压熔断器配合使用。案例图 1-1 中高压负荷开关为 FKRN12A-12D。

3. 低压侧构造

下面把低压侧构造从左到右逐一展开进行说明。

（1）下排左侧为低压进线柜，设进线开关，图 1-1 中为 CDW3-1600/3，此外还设有电压及电流的计量互感器及相关计量表。

（2）下排中间为电容补偿柜，图 1-1 中采用了十组补偿，所以可见有十组补偿指示灯，同时也有电流的测量，设有电流互感器及电流表。

（3）下排右侧为低压出线柜，构造相对简单。

1.2 箱式变电站高压侧电流测量及保护

电气测量仪表及测量回路是为了保证供电系统的安全运行和用户的安全用电，使一次设备安全、可靠、经济地运行。因此，必须在变配电所中装设电气测量仪表，以监视其运行状况。

1. 电流互感器的选择

（1）10P10、10P15、10P20 级等用于保护，设置于高压进线柜及高压出线柜，10P 是指用于 10kV 的供电等级，后面的 10、15、20 是额定准确限值系数（额定准确限值系数 = 额定准确限值一次电流/额定一次电流）。在额定准确限值一次电流下，电流互感器可以达到复合误差 ≤ ±10%，如电流互感器 CT 为 300/5 的变比，由于 10kV 高压进线侧的额定电流多大于 30A，300/30 = 10，系数一般不会超过 10，即没有超过额定准确限值系数 10，所以选择 10P10 级的电流互感器较为合理。同理，高压出线回路电流互感器 150/5 的变比亦可以选择 10P10 级。

（2）0.5 级一般用于测量，同样设置于高压计量柜进、出线柜，在图纸上表示为三绕组电流互感器分别设置两组，以 2000kVA 变压器两个高压出线回路为例，每一个变压器出线计算电流为 2000/（10 × 1.732）= 115（A）。电流互感器一次侧电流常按计算电流的 1.5 ~ 2 倍来选择，这样可以保障保护定值适中，保护精度比较高，所以选择 150/5 或 200/5 变比的电流互感器即可。同理可知，800kVA 变压器选择 75/5 变比的电流互感器，1250kVA 变压器选择 100/5 变比的电流互感器，1600kVA 变压器选择 150/5 变比的电流互感器等；测量信号用于综保○的过流、速断保护，每回路设置与一次侧电流同级的电流表一块。

（3）0.2 级一般用于计量，设置于高压计量柜内，考虑 10kV 的高压设备为对称三相负荷，因为没有中性点（线）引出，所以不会有高压单相用电设备存在，因此计量柜一般用一组两绕组（A、C 相）电流互感器即可实现计量，变比按额定电流或略高来考虑，但一般不会大于 1.2 倍额定电流；这样既可以保证小负荷时的计量精度，又可以在大电流饱和时，防止二次出现大电流而烧毁计量仪表，如下口共有 2000kVA 变压器为例，计量侧的计算电流同上例为 115A，所以选择 150/5 变比的电流互感器即可。计量用互感器配套多功能电度表使用，多功能电度表一般依据供电局的要求进行设置，放置于计量柜内一套。

2. 计量及保护用电流互感器实例

本实例中采用了双绕组电流互感器，分别用于测量及保护，看图 1-2 即可知。图 1-3 中端子排分为了两段，因设置习惯原因，也可以与其余功能共用一段端子排。第一段中包含 1~8 个端子号，右端为电流互感器的两组绕组，分别用于测量及计量。

（1）A401 ~ C401 作测量用，如前文所说仅测量两相即可，故图 1-4 中为 1A 及 2A 两电流表，端子 1A-1、2A-1 分别接于测量线圈端。

D			
1A-1	1	A401	LHa-1S1
2A-1	2	C401	LHc-1S1
1A-2	3	N401	LHa-1S2
	4		E
1n3D-1	5	401	LHa-2S1
1n3D-5	6	C401	LHc-2S1
1n3D-2	7	N401	LHa-2S2
1n3D-6	8		E

图 1-2　高压电流互感器接线排示意

○ 综保，综合保护装置的简称，具体定义见1.5节。

1A-2、2A-2 用连接片连接，下接图 1-6 中的两个电流表串接的 2 号端子，仅引出一根 1A-2，线号为 LHa-1S1、LHc-1S1，汇于 N401，线号为 LHa-1S2。图 1-7 中可见 A401（D-1）即接 LHa-1S1，N401（D-3）即接 LHa-1S2，两表并接的线由 LHa-1S2 引出，为 N401（D-3）。

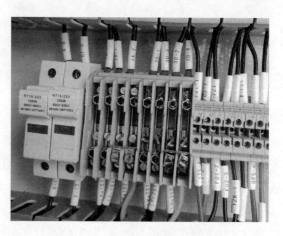

（3）A411 ~ C411 是保护用电流互感器，为综保采集信号，在综保完成动作，具体可见综保章节。1n3D-1、2 及 1n3D-5、6 分别接于保护线圈端，其中 1n3D-2、1n3D-6

图 1-3　高压电流互感器接线排照片

用连接片连接，仅引出一根 1n3D-2，线号为 LHa-2S1、LHc-2S1，汇于 N411，线号为 LHa-2S2，图 1-3 与图 1-4 一一对应。

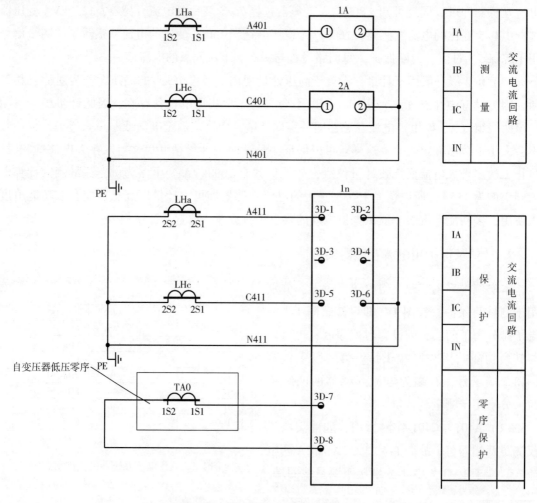

图 1-4　高压电流互感器功能示意

（4）需要注意电流互感器（图 1-5）均有接地要求，故图 1-3 中可见两根花线（PE），与端子排中的两处对应接地。

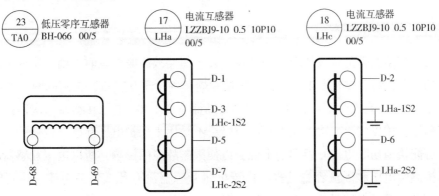

图 1-5　高压电流互感器设备接线示意

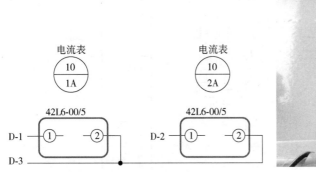

图 1-6　高压电流表设备接线示意

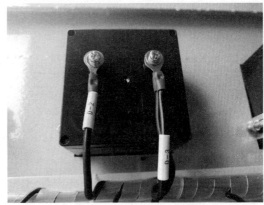

图 1-7　高压电流表设备接线照片

3. 零序电流互感器

零序电流互感器占用端子号 D-68、D-69，引至综保 1n3D-7～8，另外一端外引至柜外，是因采集信号来源于变压器的低压侧，为低压部分。具体详见后文的综保部分。

1.3　箱式变电站操作电源

相关规范中要求，供一级负荷的配电所或大型配电所，当装有电磁操动机构的断路器时，应采用 220V 或 110V 蓄电池组作为合、分闸直流操作电源；当装有弹簧储能操动机构的断路器时，宜采用小容量镉镍电池装置作为合、分闸操作电源，即操作电源有直流和交流两种，除一些小型变配电所采用交流操作电源外，一般变电所均采用直流操作电源，因第一种受电压互感器容量的限制，不能长期承担较大容量的负载。而箱式变电站属于小型变配电所，更多采用 UPS 来作为弹簧储能机构的备用电源，本案例即采用了交流 220V 电源作为操作电源。

1. 高压二次侧熔断器

高压二次侧熔断器的设置要求，当变压器发生短路故障时，及时切断二次回路，保证二次侧回路的设备完好，如图 1-2 所示，两只熔断器分别设于互感器二次侧的两个引出点端。

（1）装于电压互感器低压侧的二次回路熔断器见图 1-8，电压互感器二次回路的出口应装设总熔断器，用以切除二次回路的短路故障，不是用来保护电压互感器过载的。当发生故障时应尽可能快地切断电压互感器的电源，以便限制故障的影响，所以电压互感器的高压熔断器只需按额定电压和断流容量选择。由于电压互感器没有什么负荷电流，运行时电流很小，只有在谐振或过电压时才会有大电流，所以熔体的选择只限能承受电压互感器的励磁冲击电流，而不必校验额定电流。

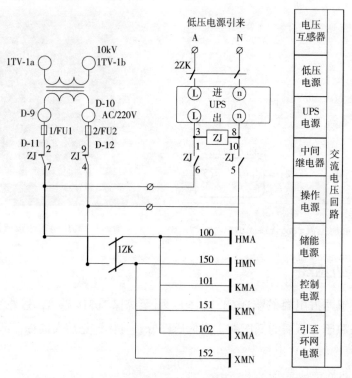

图 1-8　箱式变电站操作电源原理示意

（2）故在 10kV 及 35kV 系统中，对于二次控制回路，这时它的作用是保护二次回路，基于具体的电压等级，熔丝额定电流均可以选择 0.5A，如果设计时允许熔断的时间可以稍长，也可以选择 1A 的熔断器。一般在进线隔离柜和计量柜电压互感器前设置三套，或依据当地供电局的要求进行设置。

（3）本例中二次回路的保护来自于熔断器 FU1、FU2，设于 10kV/220V 电压互感器的低压端，用以保护二次回路的短路及过流状况的出现。若低压侧熔断器中一相熔断，应立即更换，若再次熔断，则不应再更换，待查明原因后做相应处理。

FU1、FU2 接线简单，如图 1-8 中，上口 D-9、D-10 为电压互感器二次侧两个接线端子 1TV-1a、1TV-1b，下口 D-11、D-12 为中间继电器的两个进线端子处。在图 1-3 最左侧的两个设备，即为该两处熔断器。D-9、D-10、D-11、D-12 分别为进出线，与图 1-9 中一致。

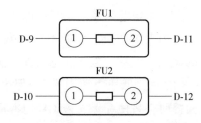

图 1-9　箱式变电站熔断器设备接线示意

2. 中间继电器

中间继电器的互锁功能，由上节可知 D-11、D-12 为中间继电器的两个进线端子，为其电源。

（1）中间继电器的概念。继电器为电气控制器件，是当输入量的变化达到规定要求时，在电气输出电路中使被控量发生预定的阶跃变化的一种电器。如达到设定的时间，就是时间继电器；达到设定的温度、湿度等，就是环境用继电器。通过常开触点和常闭触点进行通断回路，故具有输入回路和输出回路的互动关系，即常说的互锁功能，常开触点闭合，常闭触点就会打开。

当然，更多时候中间继电器是作为一种辅助的触点出现的，为弥补接触器的触点不足（接触器一般用于通断主回路中）。而在二次回路中，电流不大，继电器本身不具备通断大电流的功能，用在二次回路中却是恰到好处。

（2）中间继电器的具体构造接法，留在后文详细介绍，这里仅简单叙述。图 1-10（见文前彩插）中最后面两个端子是中间继电器的线圈端，图中看不到，为 D-15、D-16，即图中后端遮挡的上下对应的一组接线点，是主触点，接 220V 电源，上进下出。前面的四对触点，为辅助触点，有 NC/NO 之分，NC 是常闭动作断开，置于设备前面，NO 是常开动作闭合，多设于设备后侧，故 D-12、D-14 为常闭触点、常开触点各一对，接线图中可见为串接，通过图 1-10 中黑色线进线跳接，至线圈接点 D-16，在图 1-11 中，则为连接点示意，相互对应；D-11、D-13 同理，为常闭触点、常开触点各一对，通过图 1-10 中黑色线进线跳接，至线圈上接点 D-15。

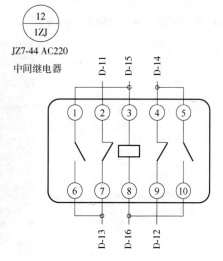

图 1-11　中间继电器设备接线示意

（3）本例中中间继电器 ZJ 的作用，用于 UPS 与市电相互投切的自保功能，与水泵、风机等控制功能并无区别，UPS 为交流小母线提供电源。正常使用时为市电供电，故市电供电侧的电压互感器为常闭点触闭合状态，UPS 供电侧的常开触点保持断开。

当有高压停电检修的要求时，如果其交流输入停电的时间很长，或电源分主供和备用，在需要经常切换的情况下，可以在交流电源侧接引第二个电源，通过一个双电源互投开关切换；在不经常切换的情况下，也可由人工切换。但如不具备第二路电源的条件，或是直流、交流操作容量很小时，如本例的箱式变电站，电压互感器的二次侧为主用电源，需另找一路 220V 电源给 UPS 供电，即图 1-8 中的"低压电源引来"，但由于综保的工作电源也取自于电压互感器，故当高压停电或检修时，将使综保失去工作电源而不能正常工作。

解决上述问题的方法就是使箱式变电站的高压开关柜操作电源采用不间断电源 UPS，一般的用电设备允许有很小的电力间断（切换时间 10ms 以内），UPS 投入时间为毫秒级，可以满足此要求。

高压电源正常时，由低压电源向操作回路供电，UPS 保持充电状态作为备用电源。系统失电或发生故障时则由 UPS 供电，UPS 在电网供电和电池供电之间可自动进行切换，以确保对负载的不间断供电，由备用电源给高压柜操作母线供电。

断开原接在电压互感器二次侧的电源开关，本例中为熔断器 FU1、FU2，合上 UPS 出线的开关 1ZK，原进线开关 2ZK 一直保持合闸状态（此时其状态作用对 UPS 并无影响），中间继电器 ZJ 线圈得电，ZJ 常开触点闭合，ZJ 常闭触点打开，操作电源改为由 UPS 供给，完成切换。恢复的时候，按相反顺序操作即可，不再介绍。

3. UPS 进出开关

由图 1-12、图 1-13 及图 1-14 可见，与中间继电器对应，由 D-15、D-16 线号引至中间继电器 JZ 线圈，D-17、D-19 为 UPS 低压电源引入，为供电侧。同时需要注意总端子排的线号 D-18、D-20，通过 D-17、D-19 跳线，提供箱内照明，这点在二次图中并未体现。

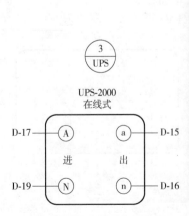

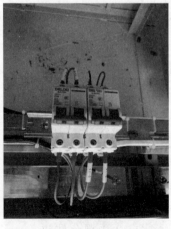

图 1-12　UPS 设备接线示意　　　图 1-13　UPS 进出线开关接线　　　图 1-14　UPS 进出线开关接线
　　　　　　　　　　　　　　　　　　照片 1　　　　　　　　　　　　照片 2

D-17、D-19 为 UPS 的进线，二次图中为 2ZK，而 D-15、D-16 为 UPS 的出线，二次图中为 1ZK，中间相隔了 UPS，可以将二次图与实拍图对应观察。

4. 控制母线

控制母线见图 1-8，箱式变电站的操作电源母线要相对简单，分为储能电源母线 HMA、HMN，控制电源母线 KMA、KMN，如去环网柜则有母线 XMA、XMN。为交流操作电源等共用汇流的母线，使回路简单化，这个汇流不只是有流入还有流出。母线的材质和形状不同，有铜排、铜棒，也有管状的。

5. 环网柜操作电源

如需要有高压分支至环网柜，其交流操作小母线如图 1-15 所示，环网柜与受电柜的差别不大，这里仅对受电柜小母线这一块进行介绍，其余可以参照受电柜的系统。如图 1-8 可见，配出至环网柜的母线编号为 XMA、XMN，进入环网柜后其母线下分支配出：控制电源母线 KMA、KMN，储能电源母线 HMA、HMN，开关输入量母线 KMA、KMN，与受电柜相同。

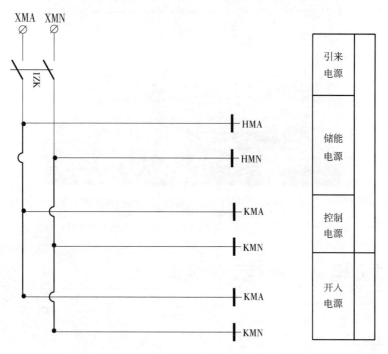

图 1-15　环网柜操作电源原理示意

（1）由图 1-16、图 1-17 可见，接线图与实际的一一对应。总的电源为线号 D-13、D-14，相对应于中间继电器常开触点出线侧，线号 D-22、D-28 至综保电源开关 1DK，即控制电源母线 KMA ~ KMN；线号 D-49、D-53 至储能电源开关 2DK，即储能电源母线 HMA ~ HMN；线号 D-60、D-63 为综保开关信号至电源开关 3DK，同为控制电源母线 KMA ~ KMN。

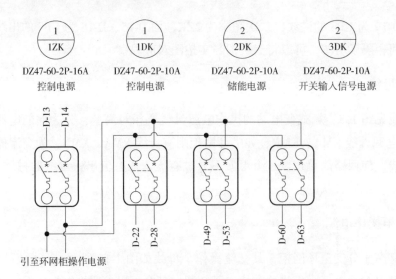

图 1-16　箱变操作母线供电接线示意

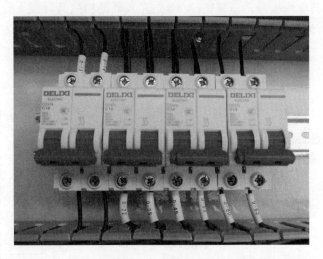

图 1-17　箱变操作母线供电接线照片

1.4　箱式变电站二次侧工作原理

1. 合闸逻辑

（1）储能母线二次侧工作原理见图 1-18。～HMA、～HMN 储能母线电源得电后，可转动启动旋钮 SA，［图 1-20（见文前彩插）中的黑色旋转按钮］储能回路得电，电机开始储能。在图 1-21 及图 1-22 中可见储能按钮接线示意。

同时由于母线传感器 CG 采集信号得电，带电显示器 DXN 显示高压得电，为防止电气误操作，联动电磁锁 DCS 闭合。电磁锁的工作原理详见下文（图 1-25）介绍。

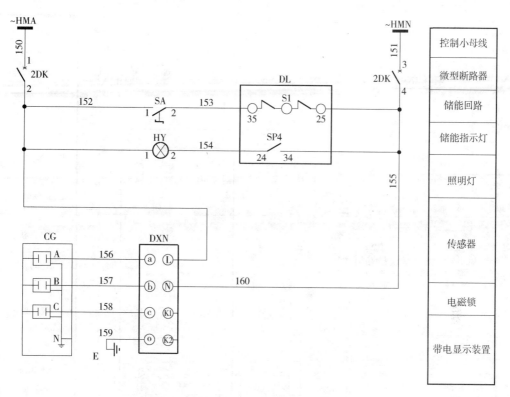

图1-18　储能母线二次侧工作原理示意

转动启动旋钮 SA 储能开关，与其联动的为常闭触点 S1，常开触点 SP4。经过延时后，储能电动机得电，弹簧拉升完成后，储能电动机的三个开关分别动作，电动机两端的常闭触点 S1 断开，不再充电，并联的 SP4 常开触点闭合，黄色储能指示灯 HY 点亮，此时可以进行合闸操作。

（2）闭锁。同 ~KMA、~KMN 母线得电后的原理一样，本例中为 VS1-12 型真空断路器，该种断路器多设置了三组线圈，分别为合闸线圈 H、分闸线圈 T 及闭锁线圈 I（还有过电流脱扣线圈等，为设计自选，本例中不涉及）。合闸线圈与分闸线圈的作用从名字上就可以理解，闭锁线圈的闭锁功能则不能一目了然地显示谁与谁闭锁。

这里需先介绍规范要求的五防，即防止误分、误合断路器，防止带负荷拉合隔离开关，防止带电挂接地线（合接地开关），防止带接地线关（合）断路器（隔离开关），防止误入带电间隔。闭锁回路则是防止误分、误合断路器的内容。

因闭锁线圈 I 回路不得电时，闭锁回路电磁铁相应不能得电，动铁芯为自由状态，合闸按钮会被动铁芯阻挡，而无法按下，进而也就无法实现合闸操作，这一部分的功能在二次图中是没有办法表达的，也是让人费解之处。

故要合闸首先需要把闭锁回路打通，此时由图1-19可见，闭锁段的进线隔离 GNK 与程序锁行程开关 CXS 已经闭合，断路器 QF 常闭触点为保持状态，闭锁回路线圈得电，动铁芯凸出并固定，合闸的回路才算是接通，可进行合闸操作。绿色分闸信号灯 HG 点亮，证明目前为分闸的状态，同时闭锁回路继电器 I 线圈得电。

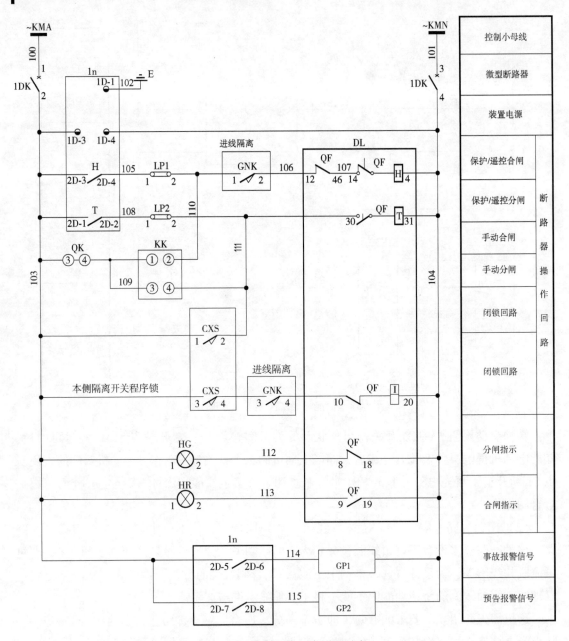

图 1-19 控制母线二次原理示意

程序锁行程开关 CXS 在进线隔离柜门上，多设于箱式变电站，由系统可见有两只 CXS，可以理解为两把锁，但钥匙只有一把，当钥匙插在闭锁回路上时，可以将此断路器手车摇进工作位置合闸，这时候钥匙拔不下来。分闸回路上没有钥匙，手车摇进孔被挡住，则无法进行分闸操作。两台柜子之间联锁也是同样的原理。

箱式变电站需要联锁闭合的警示进线隔离 GNK，与固定柜不同，固定柜多互锁于计量柜、进线柜等，但意义是一样的。

储能开关接线（图 1-21）为 D-50、D-51，图 1-22 中接线亦同，但需要注意，其实这个按钮有两组，本次仅使用了一种的一组（图1-22），这是出于案例的需要，即此只能完成储能的操作。

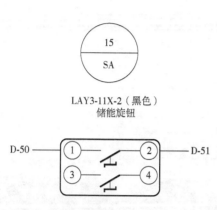

图 1-21 储能按钮设备接线示意

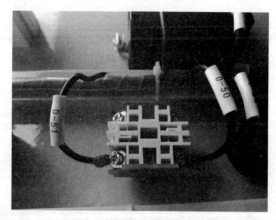

图 1-22 储能按钮设备接线照片

（3）转换开关。转换开关具有多触点、多位置，用于电气控制线路中电源的引入，首先是隔离电源的作用，其次用于非频繁地接通和分断电路，接通电源和负载。可提供两路或更多负载转换的开关电器，由多节触头组合而成。

本例中远程/就地转换开关 QK，图1-20 中左边转换开关，因是演示现场操作，此时打在就地档。而分/合闸转换开关 KK，图1-20 中右边转换开关，扭向合闸档，即 1~2 档，可知此时 KMA~KMN 母线段中合闸线圈 H 得电，真空断路器完成合闸操作。

分/合闸转换开关 KK，手柄有六种位置，在下面的接点位置表中可以看出，本例中仅涉及合闸及分闸，如图1-23 所示，具体的设备接线仅用到上部的两对接线，故仅有 1~2 为合闸，顺时针45°；3~4 为分闸，为逆时针135°，如图1-24 所示。

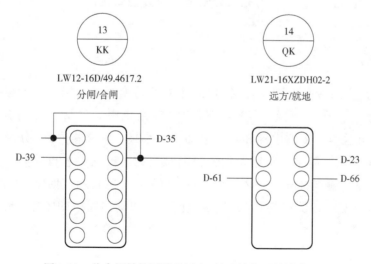

图 1-23 分合闸转换开关及远方/就地转换开关接线照片

接点位置表

KK(LW12-16D/49.4617.2)

开关型号	LW38□-164Q/49.4617/2					
替代	LW12-16D/49.4617/2					
面板标志	分闸后	预备合闸	合闸	合闸后	预备分闸	分闸
手柄方向						
手柄方向	90°	0°	45°	0°	−90°	−135°
1-2			×			
3-4						×
5-6		×		×		
7-8	×				×	

图 1-24　分合闸转换开关接点位置示意

远程/就地转换开关 QK 接线点为 D-61、D-66、KK-1、D-23，系统中接线点 QK 接线点为 3～4，接线图与图 1-25 中一致。

（4）此时所有的真空断路器 QF 的常开触点及常闭触点，均由现在位置进行变换，合闸指示灯回路 QF 常开触点闭合，合闸指示灯 HR 点亮；分闸指示灯回路 QF 常闭触点打开，分闸指示灯 HG 熄灭；闭锁回路 QF 常闭触点打开，闭锁回路 I 线圈失电，不可重合闸。同时保护遥控合闸回路的 QF 常闭触点打开，KMA～KMN 母线中的合闸线圈 H 失电，保护遥控分闸回路的 QF 常开触点闭合。

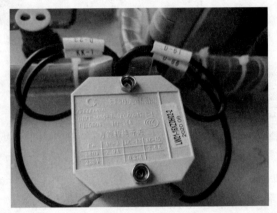

图 1-25　远程/就地转换开关设备接线照片

（5）合闸操作完成后，会同时完成分闸弹簧拉升的储能，准备分闸操作。这部分留在固定柜中再介绍。

2. 分闸逻辑

分闸时，分/合闸转换开关 KK，图 1-20 中右边转换开关，扭向分闸档，即 3～4 档，基于合闸时的状态，在 ～KMA、～KMN 母线二次系统中，分闸回路动合触点 QF 闭合（动合触点同常开触点，案例中常开触点上加了一小竖，意义相同），分闸线圈 T 为得电状态，实现分闸，相对简单。断路器的各辅助触点均由现在位置再回到原有状态，合闸指示灯回路 QF 常开触点打开，合闸指示灯 HR 熄灭；分闸指示灯回路 QF 常闭触点闭合，分闸指示灯 HG 点亮；闭锁回路 QF 常闭触点闭合，闭锁回路中的闭锁 I 线圈得电，由此可进行下一次的合闸。

3. 面板连片

（1）连片作用。高压系统中的连片应用很多，连接于跳闸回路中，当出现低电压、过流、接地等故障时，综保的遥控合闸、分闸信号经过连片进行远程合闸、分闸。如果把连片打开，出现上述故障时，就不能实现远程保护，故一般运行中不允许采取拆除连片，只有当手动操作、调试保护的时候才拆除连片。所以为便于摘除综保，其设于面板就十分必要，这样就可以随时摘除，一目了然，防止误操作。如图 1-20 中连片设于面板上，为卜侧的三个（红色）插拔式插件，固定柜与箱变进线柜均一样。

（2）其中连片 LP1 在二次系统中可见为合闸用连片，综保中示意的常开触点 H，即为合闸信号。闭合后，由于进线隔离柜闭合，保护遥控合闸回路 QF 常闭触点保持闭合，动断触点 QF 保持闭合，其与保护遥控分闸回路动合触点 QF 形成互锁，同时通过连片可实现保护遥控合闸。

（3）连片 LP2 在二次系统中可见为分闸用连片，综保中示意的常开触点 T，为分闸信号示意。闭合后，该处无进线隔离柜闭合要求，因之前为合闸状态，保护遥控合闸回路动断触点 QF 保持打开，与其联锁的保护遥控分闸回路动合触点 QF 则闭合，通过连片可实现保护遥控分闸。

（4）连片 LP3 为闭锁重合闸连片，实际上大多数线路故障为瞬时或暂时性的，因此重合闸也是高压运行中常采用的自恢复供电方法之一，在完成储能及没有合闸闭锁的情况下，经过 15s，完成重合闸。但如出现了某些情况，如六氟化硫断路器气压低（如有）或者某些保护动作后，不允许重新合闸，则将重合闸装置停用（闭锁），这时则需要闭锁，同样是连片拔出，重合闸功能失效。

（5）本例中接线，在图 1-26 中，可见连片 LP1 接线为 D-33、D-34，连片 LP2 接线为 D-38、D-39，连片 LP1 接线为 D-61、D-64，与图 1-27 一致。

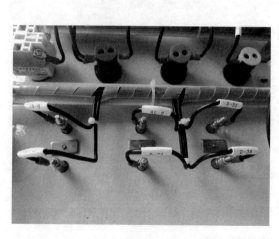

图 1-26　连片背板设备接线照片

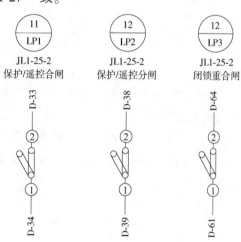

图 1-27　连片接线示意

1.5 综保二次原理实操

1. 综合保护装置的作用

（1）综合保护装置简称为综保，是一种接于电路中，对电路中的短路、断路、缺相、过载等起到保护作用的装置。在变配电系统中又称为微机综合保护装置，因为出现较早，那时候还多称微机。简单而言就是一种综合保护器，类似低压的综合保护开关 CPS，其实就是一种高压侧的综合性开关，只是功能更加强大。

（2）微机综合保护装置的出现改变了高压供电的设计思路。因为曾经的传统继电器保护接线复杂、可靠性低等问题，以前和现在均是施工图设计单位有意回避之处。后来单片机的普遍，再后来出现了微机综合保护装置，完善了自检功能及让检测和调试也变得方便，同时也简化了施工图的设计，让二次设计变得容易理解。

（3）当高压系统运行异常，中央处理器 CPU 根据参数设定的变化，对信号发生器发出相应的声光警报信号并进行分合闸操作，同时也很容易实现各种附加功能，如分合闸后记录保护动作的具体时间及打印故障信息等。

2. 综保的设置及功能

生产保护装置的厂家很多，各厂家生产的产品在功能及硬件配置方面不尽相同，从功能上分为大型综保及小型综保，本章以 RT900-G20 系列微机保护测控装置为例，见图 1-28，适用于小型变配电站所，尤其是箱式变电站中。大综保的介绍详见后文固定式变配电所中。

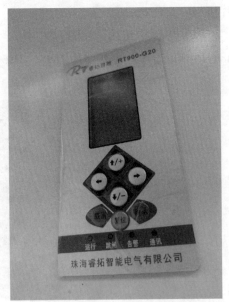

图 1-28　综合保护装置面板照片

（1）RT900-G20 系列微机保护测控装置的设置原则。变压器保护主要采用主变主保护装置、主变高压侧保护监控装置、主变低压侧监控装置共三个。

（2）主要实现功能。

1）过负荷保护，定时限过负荷保护三相电流最大值≥过负荷保护整定值时动作，如需要超长定时限保护，则三相电流最大值≥1.1 倍过负荷保护整定值时动作，幅度稍大。

2）过流、速断、限时速断保护，保护电流（短路等）≥整定电流时动作。

3）零序电流、电压保护，保护电流（电压）≥整定电流（电压）时动作。

4）过压保护，线电压最大值≥整定电压时动作。

5）低压、失压保护，线电压最大值≤整定电压时动作。

6）负序保护，负序电流≥整定电流时动作。

7）CT 及 PT 断线保护等。

3. 综保接线实例分析

下面以箱式变电站的 10kV 受电柜为例，展开介绍。小综保分为三大块，如图 1-29 和图 1-30 所示。

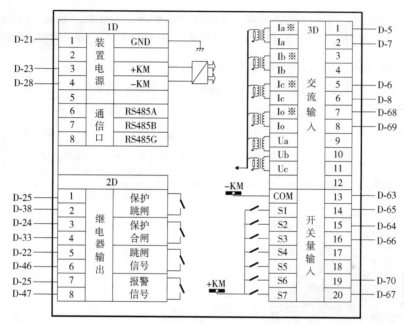

图 1-29　小综保接线示意

（1）1D 为电源侧，1～4 节点为 1n 的电源进线及接地端子，电源输出为 + KM、– KM，数字接地为 GND，输入端分别为 1n1D-1、1n1D 3～4，参见图 1-19。

（2）2D 为保护侧，1～4 节点为保护信号，输入端分别为 1n2D 1～4，参见图 1-19。1n2D-1、1n2D-2 从图 1-19 中可见为综保内保护/遥控分闸单元，通过连接片 LP2，连接断路器内分闸线圈及分闸常开触点，1n2D-3、1n2D-4 从图 1-19 可见为综保内保护/遥控合闸单元，通过连片 LP1，连接断路器内合闸线圈及合闸常开触点。

1n2D-5～1n2D-8 为事故报警信号及预告报警信号的常开触点。由图 1-19 可见，小型综保 1n 的 1n2D-5、1n2D-6 为事故报警信号，1n2D-7、1n2D-8 为预告报警信号。在

图 1-30　小综保接线照片

图 1-29 及图 1-30 中均可看到 D-22、D-25 及 D-46、D-47 线号与之对应。

图 1-30 中 D-22、D-25 的端子排左侧为 1DK-2 及 1n2D-1，分别为断路器 1DK-2 的下口及综保的 1n2D-1 上口端子，可以通过二次图看出均为同一供电母线的 KMA 上的合用点，这对于核查端子板十分重要，从同一根线上分支的二次回路，接线图及实物中都是采用连接板完成联络的。

1n2D-5～1n2D-8 为事故报警信号及预告报警信号的常开触点，作为常开触点闭合后的显示装置，则是光字牌，本例中为 GP1 与 GP2。

（3）光字牌。在传统变电站中，光字牌是运行人员监视站内设备运行状况、保护动作情况等的重要信号，最初其由现场继电器等硬件接点触发，目前在 10kV 二次系统中则多是通过综保来完成，见图 1-31 及图 1-32，GP1 为事故报警信号，GP2 为预告报警信号，通过中央信号屏上的小灯照亮对应的字牌来反映，分别用两种颜色的指示牌及音响来表示事故、报警的不同状态。在图 1-20 中为右上侧两块白色发光板，这上面的颜色字牌尚未装上。

随着中央信号屏的取消，在综保中，传统光字牌也被监控后台机的虚拟光字牌取代，由于虚拟光字牌的信号既可取自现场硬件接点，又可通过监控系统内部软件判断逻辑触发。因此，其提供给运行人员的信息内容比传统光字牌丰富得多，故固定柜设有光字牌的案例已不多见，在箱式变电站中因不存在后台机，所以尚有设置。

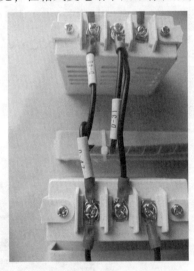

图 1-31　光字牌接线照片

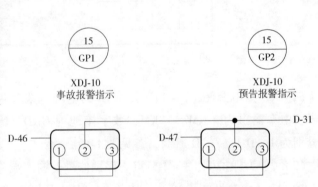

图 1-32　光字牌接线示意

D-46、D-47 分别为光字牌的接线侧，即综保 1n2D-6 及 1n2D-8 的出线端，是完成事故报警信号及预告报警信号的。具体通过端子排可见通过 D-31 号过渡，给光字牌供电，其实由二次图 1-19 上端可见就是 1DK-4，即 1DK 的供电出线端的连接片中一点，连接 GP1、2 右侧出线端，完成回路。上下两处光字牌通过电源 D-31 同样连接片串接，接法如图 1-31 所示。

（4）3D 为计量保护侧，又分为直流侧（即数字开关信号）和交流侧（即模拟信号），

图 1-33 中为综保开关量输入示意。

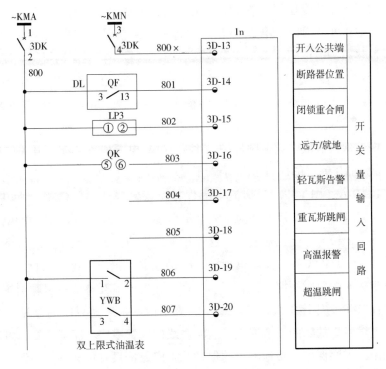

图 1-33　综保开关量输入示意

1）直流数字开关信号端子号分别为 1n3D-13 ~ 1n3D-20，如图 1-33 可见均为数字量的采集，开关量输入回路主要指保护、测控装置采集各自所需的开关量信号回路。如功能投入信号就可以通过开关量输入进入保护装置，0 电平表示不投入，1 电平表示投入，与模拟量不同，开关量只有高、低电平之分。信号输出回路，指保护装置发现异常状态，需要发信号时，CPU 会给一个指令，驱动装置的信号继电器，然后继电器节点闭合或打开，输出信号给其他装置或系统。

1n3D-13 为 3DK 电源端的公共端，对于直流信号而言，就是交流信号的 N 线，作用相同。1n3D-14 为真空断路器关合状态的显示。1n3D-15 至连片 LP3 为闭锁容重合闸连片，前文有述。1n3D-16 为转换开关 QK 的远程控制点 5-6，如图 1-34 所示，本例中仅用到了 3-4 为就地档，7-8 预留；5-6 为远程档，1-2 预留，预留多为外放信号（如有）。与开关实际相符，打上叉的地方，表示触点接通，与系统一致。

1ZK(LW21-16XZDH02-2)接点位置图

接点 运行方式	1-2	3-4	5-6	7-8
远方	✕		✕	
就地		✕		✕

图 1-34　就地/远方转换开关接点位置示意

1n3D-17、1n3D-18 为油浸式变压器才会设有，动作原理是内部设备短路产生电弧，电弧将击穿绝缘油，产生瓦斯气体。因此，瓦斯保护对于油浸式变压器来说是有意义的；对于干式变压器，根本没有绝缘油的存在，也就谈不上瓦斯保护。瓦斯保护分为轻瓦斯告警和重瓦斯跳闸，本项目为干式变压器，故不设置引出点，仅做预留。

1n3D-19、1n3D-20 分别为高温报警信号、超温跳闸信号，工作原理为通过预埋在低压绕组中的非线性热敏测温电阻，采集绕组或铁心温度信号，当变压器绕组温度持续升高，达到155℃时，系统输出高温报警信号；若温度继续上升到达170℃时，变压器已不能继续运行，须向二次的综保 1n 的数字信号保护回路输送超温信号，从而使变压器迅速跳闸。

2）交流侧即模拟信号端子号分别为1n3D-1～1n3D-11，由于本项目中不涉及电压信号采集的保护，即综保没有低电压分闸保护，不管10kV电源何种状态，开关的继保都不受高压电的影响，故 1n3D-9～1n3D-11 这三个端子是空余的。

1n3D-1～1n3D-6（图1-4）为交流电流保护，仅装设于 A、C 相，所以只有 1n3D-1、1n3D-2 及 1n3D-5、1n3D-6 有接线，为不完全星形接法，知道 A 相和 C 相的电流，三相电流的矢量和等于零，B 相的电流就知道了，这样接可以节约一个电流互感器，是为了节约成本而考虑。此外由于 10kV 线路在发生单相接地时接地电流很小，可以运行 1～2h，因此不需要跳闸，当发生相间短路时短路电流很大，装在两相的电流互感器足以判别相间故障。

1n3D-7、1n3D-8 为零序电流保护，零序电流是指系统对地流向的电流，当进线电缆长距离输电时，电缆发生故障的概率变大，这时进线侧设置零序电流互感器，可起到监测电缆安全运行的作用，零序保护为接地电流的保护。零序保护只有负载方向的保护，变压器中性点接地电缆上设置零序 CT，只能检测进线开关以后的接地电流，不能逆向检测电源侧电缆，故进线柜上零序不宜设跳闸，出线柜上零序建议设跳闸，所以本例中可见设于 10kV 受电柜一侧，一次图（图1-1）可见零序电流互感器设于变压器的低压侧。这一点在固定式配电站中会继续介绍。

1.6 真空断路器接线端子图

1. 真空断路器接线图

图1-35 中，下方端子排从 1～50，本例中用DL 打头，图1-35 中上方端子为各真空断路器内部信号线，在二次图中有表达。而图1-36 中，虽也是上下两排，其实仅显示了图1-35 中断路器的下方端子排，但线号可以一一对应。

真空断路器内部串入断路器辅助接点的作用为：跳闸线圈与合闸线圈厂家是按短时通电设计的，在跳、合闸操作完成后，通过断路器

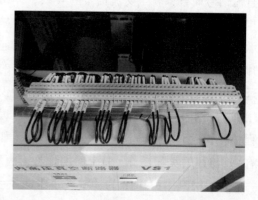

图 1-35　真空断路器端子排接线照片

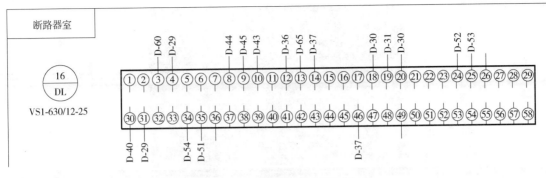

图 1-36 真空断路器端子排接线示意

DL 中触点自动地将操作回路切断，以保证跳、合闸线圈的安全；跳、合闸启动回路的触点（操作把手触点、继电器触点）由于受自身断开容量的限制，不能很好地切断操作回路的电流，如果任由它们断开操作电流，将会在操作过程中拉弧，致使触点烧毁。而断路器辅助接点断开容量大，由断路器辅助接点断开操作电流，可以很好地灭弧，从而保护控制开关及继电器接点不被烧毁。

2. 从开关线号看二次原理的实际接线

（1）DL-3 端子号（图 1-36），连接线号 D-60，D-60 与 D-63 为开关 DK3 的两个出线端，D-63 为 N 线，D-60 则是相线，详见综保小节图 1-29，至 1n3D14 为真空断路器关合状态的显示。

（2）DL-4 端子号，连接线号 D-29，为真空断路器内部跳线，另外一端连接 DL-31。

（3）DL-8 端子号，连接线号 D-44，上口为 HG-2，由图 1-37 可见，绿色分闸信号灯，其上口为 D-24，二次图中为至开关内常闭触点左端，同时并接 HR-2，红色合闸信号灯出线连接号为 D-45，即 DL-9 端子号，二次图（图 1-19）中为至真空断路器内常开触点。图 1-38 中，仅展示红色指示灯连线，但已经可以表达出线号 D-24 并接于 HR-2，同时引向 HG-2。

二次图 1-19 中可见绿色分闸信号灯 HG 取自真空断路器内常闭触点，红色合闸信号灯 HR 取自真空断路器内常开触点，常开触点闭合，合闸灯点亮；常闭触点打开，绿色分闸信号灯熄灭。

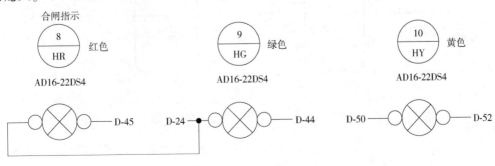

图 1-37 指示灯接线示意

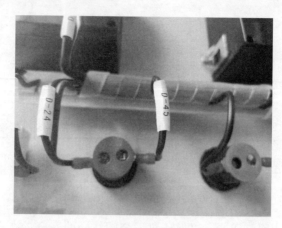

图 1-38　指示灯接线照片

（4）DL-10 端子号，连接线号 D-43，连接真空断路器中闭锁回路的常闭触点 QF 与进线隔离柜辅助常开触点 GNK，保证闭锁回路的得电状态。

进线隔离柜 GN19 的辅助触点 GNK 由图 1-39 可见有三组常开触点、一组常闭触点。本例中使用了两组常闭节点，其中一组常闭节点上端线号为 D-42，至机械程序锁 CXS，图 1-19 中可见 CXS4（CXS 的 4 号接点）连线 GNK3（GNK 的 3 号接点）。

机械程序锁用来实现高压柜的五防，前文有介绍，有电的时候打不开箱门，没电的时候才能打开，是一套具有逻辑功能的机械联锁机构。必须先把隔离刀拉下来，而拉隔离刀就必须先把断路器断开，然后把接地刀合上，才能打到检修的位置，把门打开。

合闸顺序为：电磁锁钥匙→锁上后门→锁上前门→把钥匙插在程序锁上→拔出程序锁钥匙→插在上隔离 GNK（合上隔离）→插在下隔离（合下隔离）→合断路器。分闸顺序与合闸顺序相反，因为只有一把钥匙，所以必须逐一完成，才可以完成合闸或是分闸操作。机械程序锁上端为 D-26、D-27，如图 1-39 所示。

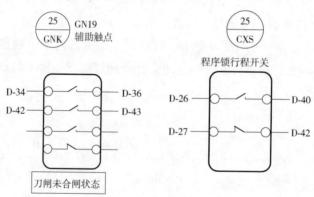

图 1-39　隔离柜联锁及程序锁接线示意

图 1-40 及图 1-41 中为 LX19 系列的行程开关，分别为内部与外部接线示意。其适用于交流 50Hz、电压至 380V、直流电压至 220V 的控制电路中，作控制运动机构的行程和变换运动方向或速度之用。

图1-40　隔离柜联锁行程开关
　　　　内接线照片

图1-41　隔离柜联锁行程开关外接线照片

程序行程开关CXS配套使用，可参考第三章中S8、S9的作用，装在断路器内部或外部，与断路器机械机构相关联，当断路器动作时，砸撞行程开关就动作断开。行程开关内两边的两个端子是常开触点，中间的两个端子是常闭触点见图1-39右上。作为闭锁回路使用时，应在中间一组常闭触点接线端进行接线，CXS的3、4点平时闭合，GNK插入，闭锁回路导通，可进行合闸操作。作为急停使用时CXS的1、2点跨越转换开关KK接入分闸回路，当闭锁回路遇危险情况时，如带负荷退出GNK等，CXS的3、4位常闭点打开，同时1、2位常开点闭合，可实现紧急分闸。由系统图1-19可知，隔离开关的行程开关GNK分别与高压柜的互锁线圈及合闸线圈进行串接，图1-41中可见行程开关配出为两根两芯的护套线，示意图与照片可一一对应。隔离柜GNK门打开后，行程开关失电，高压开关的合闸及互锁线圈失电，无法合闸，从而保证操作人员的安全。

（5）同理，DL-12端子号，连接线号D-36（图1-46），为进线隔离柜GNK另外一常开节点，上端线号为D-34，D-34与D-35通过连接片接为同一点，至连片LP1，同时连接片连接KK-2，与二次图（图1-19）一致，上口为D-34，其上联结综保1n2D-4，之后见综保的小节记述。如图1-42所示，D-36外放至进线隔离柜的辅助触点。

（6）断路器端子号DL-13，连接端子板号D-65，上口端子为综保1n3D-14，数字量输入，为断路器位置的信息，用来显示和上

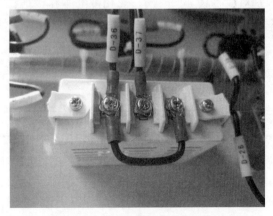

图1-42　连接片接线照片

传后台断路器位置，也可接入微机五防系统、故障录波系统、低频低压减载系统等。

（7）断路器端子号DL-14，连接端子板号D-37，下引线至断路器端子号DL-46，为断路

器内部接线。断路器端子号 DL-18，连接端子板号 D-30，上引线至断路器端子号 DL-20，为断路器内部接线。

（8）断路器端子号 DL-19，连接端子板号 D-31，上口引线至光字牌 GP1-2，见前文光字牌记述。

（9）断路器端子号 DL-24，如图 1-18 所示内部为空气断路器的储能指示灯常开触点，闭合后点亮。连接端子板号 D-52，上口引线至黄色储能指示灯 HY-2，另一端连接端子板号 D-50，见图 1-43，至黑色储能按钮与照片对应。

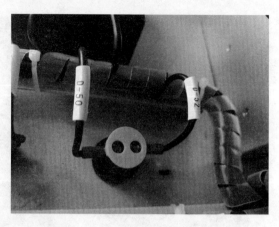

图 1-43　黄色储能指示灯接线照片

（10）断路器端子号 DL-25，连接端子板号 D-53，上口引线至微型断路器 2DK-4，见图 1-18。同时通过 D-54 连接片，为进线电磁锁提供电源（见图 1-46）。并通过连接片连接端子板号 D-54，断路器端子号 DL-34，并通过连接片连接端子板号 D-55，连接带电显示器 DXN 的 N 线，为电磁锁 DCS、带电显示器的公用 N 点，可见其电源取自 D-49，为 2DK-2 与 2DK-4，分别为零线及相线，为 HMA ~ HMN 母线供电。D-56 ~ D-59 则是本柜的接线端子，至母线传感器 CG，采集母线信号，其作用主要是将被连接的高压母线上的电压通过"电容"或"电阻"传递到带电显示器，二次系统中示意为电容符号，即可见其作用，其中 D-59 为接地，接线图及端子图中均有表达，连接带电显示器联锁的即是电磁锁 DCS，如图 1-44 所示。

高压带电显示闭锁装置由传感器、显示器两部分组成，如图 1-45 所示，传感器共四支、分别对准"a、b、c、o"三相带电体和接地，与高压带电体无直接接触，并保持一定的安全距离，它接受高压带电体电场信号，并传送给显示器进行比较判断；当被测设备或网络带

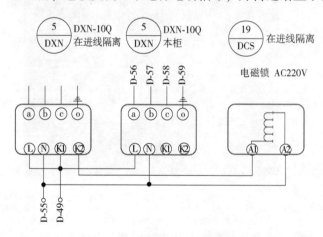

图 1-44　带电显示器及电磁锁接线示意

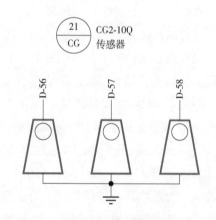

图 1-45　带电显示器传感器接线示意

电时，"a、b、c"三相指示灯亮，"操作"指示灯熄灭，电磁锁强制闭锁。当被测设备或网络不带电时，"a、b、c"三相指示灯都熄灭，"操作"指示灯亮，同时解除闭锁信号，可以进行设备操作。装置采用分相控制，任何的一相带电时即闪光报警，并输出强制闭锁信号。

显示器失去控制电源时，显示器输出强制闭锁信号，电磁锁保持闭锁状态。

电磁锁是利用电生磁的原理，当电流通过硅钢片时，电磁锁会产生强大的吸力紧紧地吸住吸附铁板达到锁门的效果。用小的电流电磁锁就能产生较大的磁力，如控制电磁锁电源的门禁系统，电磁锁的线圈回路（接线图中线圈示意）串入带电显示器的，在母线传感器 CG 感应母线有电，隔离开关闭合时，电磁锁的线圈不带电，止锁机构卡住插入门框上锁孔内的铁棒，能起到防止带电误合接地闸的作用，达到闭锁目的；而带电显示器上设有"自检"功能，可自动检测传感器和显示器的各种功能模块，在装置发生任何故障时，"电源"指示灯长亮，"操作"指示灯不会亮，始终输出强制闭锁信号，保持闭锁状态。

1.7 箱式变端子排

（1）前文已经描述了各功能与端子关系，这里通过图 1-46、图 1-47、图 1-48，来阐明照片与端子接线图的对应关系。

（2）由于在测量回路照片中可见箱变高压侧采用的是独立的端子板，端子号占用了 1 ~ 8 号，故该部分端子板图介绍设于本章的第一小节图 1-3，故端子图照片中省去了该部分。对照时，可以将两图连接在一起来看。

（3）端子排所有的连接片示意恰到好处，D-18、D-20 端子为并接于不间断电源的箱内照明。D-22 ~ D-27 端子为 1DK 给各设备电源供给的相线侧，D-28 ~ D-32 端子为 1DK 给各设备电源供给的 N 线侧。D-35、D-40 端子为二次系统中手动操作与综保信号操作的并联点。D-48 ~ D-50 端子为 2DK 给各设备电源供给的相线侧，D-53 ~ D-55 端子为 2DK 给各设备电源供给的 N 线侧。D-60 ~ D-62 端子为 3DK 给各设备电源供给的相线侧，如图 1-33 所示，3DK 的 N 线仅是 3D-13 的一根出线，没有连接片。可以看出本端子排主要是作为 1DK ~ 3DK 的电源供给，端子图可以视为对二次原理图的一种最简化表达，设备均被名称所表达，这也是端子排最合理的理解方式。

（4）各种外接引信号一一对应，可见：

1）变压器的油温监测至综保 1n3D19 ~ 20，考虑到目前多是干式变压器，而干式变压器虽没有瓦斯报警的要求，但超温是存在的，通过预埋在低压绕组中的非线性热敏测温电阻来采集绕组或铁心温度信号，当变压器绕组温度继续升高，达到 155℃时，就会向综保的数字信号系统输出超温报警信号，即油温表 YWB-2 至 1n3D-19；若温度继续上升达到 170℃，变压器已不能继续运行，须向综保的数字信号系统输送超温跳闸信号，即油温表 YWB-4 至 1n3D-20，从而使变压器迅速跳闸。

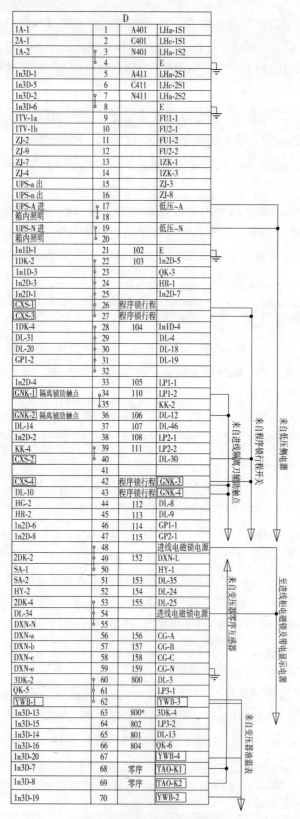

D			
1A-1	1	A401	LHa-1S1
2A-1	2	C401	LHc-1S1
1A-2	3	N401	LHa-1S2
	4		E
1n3D-1	5	A411	LHa-2S1
1n3D-5	6	C411	LHc-2S1
1n3D-2	7	N411	LHa-2S2
1n3D-6	8		E
1TV-1a	9		FU1-1
1TV-1b	10		FU2-1
ZJ-2	11		FU1-2
ZJ-9	12		FU2-2
ZJ-7	13		1ZK-1
ZJ-4	14		1ZK-3
UPS-a 出	15		ZJ-3
UPS-n 出	16		ZJ-8
UPS-A 进	17		低压~A
箱内照明	18		
UPS-N 进	19		低压~N
箱内照明	20		
1n1D-1	21	102	E
1DK-2	22	103	1n2D-5
1n1D-3	23		QK-3
1n2D-3	24		HR-1
1n2D-1	25		1n2D-7
CXS-1	26	程序锁行程	
CXS-3	27	程序锁行程	
1DK-4	28	104	1n1D-4
DL-31	29		DL-4
DL-20	30		DL-18
GP1-2	31		DL-19
	32		
1n2D-4	33	105	LP1-1
GNK-1 隔离辅助触点	34	110	LP1-2
	35		KK-2
GNK-2 隔离辅助触点	36	106	DL-12
DL-14	37	107	DL-46
1n2D-2	38	108	LP2-1
KK-4	39	111	LP2-2
CXS-2	40		DL-30
	41		
CXS-4	42	程序锁行程	GNK-3
DL-10	43	程序锁行程	GNK-4
HG-2	44	112	DL-8
HR-2	45	113	DL-9
1n2D-6	46	114	GP1-1
1n2D-8	47	115	GP2-1
	48		进线电磁锁电源
2DK-2	49	152	DXN-L
SA-1	50		HY-1
SA-2	51	153	DL-35
HY-2	52	154	DL-24
2DK-4	53	155	DL-25
DL-34	54		进线电磁锁电源
DXN-N	55		
DXN-a	56	156	CG-A
DXN-b	57	157	CG-B
DXN-c	58	158	CG-C
DXN-o	59	159	CG-N
3DK-2	60	800	DL-3
QK-5	61		LP3-1
YWB-1	62		YWB-3
1n3D-13	63	800*	3DK-4
1n3D-15	64	802	LP3-2
1n3D-14	65	801	DL-13
1n3D-16	66	804	QK-6
1n3D-20	67		YWB-4
1n3D-7	68	零序	TAO-K1
1n3D-8	69	零序	TAO-K2
1n3D-19	70		YWB-2

来自低压侧电源　来自程序锁行程开关　来自进线隔离刀辅助触点　来自变压器零序互感器　至进线柜电磁锁及带电显示电源　来自变压器油温表

图1-46 箱变高压侧端子排接线示意

建筑电气常见二次原理图设计与实际操作要点解析

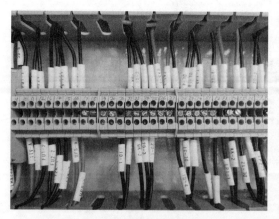
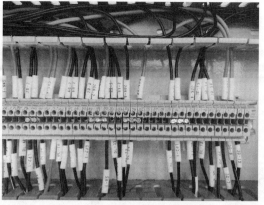

图 1-47　箱变高压侧端子排接线照片 1　　　　图 1-48　箱变高压侧端子排接线照片 2

2）变压器零序电流互感器至高压一次侧，因零序电流取自变压器二次侧，由低压侧的 TAO-K1 至 1n3D-7，TAO-K2 至 1n3D-8，详见低压侧的介绍。

3）母线感应 CG 输出到电磁锁及带电显示器的信号，为前文介绍的电磁锁采集的信号，占用两个节点，至带电显示器 DXN。

4）低压侧引来的电源供给 UPS，为外电源供给 UPS 的低压侧电源引入，占用两个节点，为低压相线 A 及低压中性线 N。

5）来自行程开关程序锁的外引信号，为行程锁采集信号的引入。两处常开触点，占用四个节点，分别为 CXS1 ~ 4。

6）来自隔离开关的外引信号，为隔离柜中辅助的常开触点，占用四个节点，分别为 GNK1 ~ 4。

第2章 箱式变电站低压侧二次原理图设计实操

2.1 箱变低压侧电流互感器

1. 如何选择箱变低压侧电流互感器

低压侧电流互感器的选择和容量匹配在第一章中有述，选择还需要注意以下问题：应满足一次回路的额定电压，最大负荷电流及短路时的动、热稳定电流的要求，应满足二次回路测量仪表和继电保护和自动装置的要求，二次绕组数量与准确等级应满足继电保护和测量装置的要求等。

2. 电流互感器接线

如图 2-1 所示，有四只电流互感器。

（1）第一组为设置于低压侧功率补偿的主进线处总开关下的电流互感器，仅设于一相上，在电容柜之前。图 2-1 中的 4TA，为 A 相的电流测量回路，为低压功率补偿控制器 JKL 回路提供电流采样，用于检测和监视电容器组的电容电流。

如图 2-2 所示，仅 A 相设有两只电流互感器，下面一只就是 4TA，其上接线为 A421 及 N421。选取哪一相采集电流信号，并无特殊要求，一般不能和补偿器的电源电压接到同一相即可，如本案例中 JKL 电压取的 B 相和 C 相，则电流互感器接在 A 相。

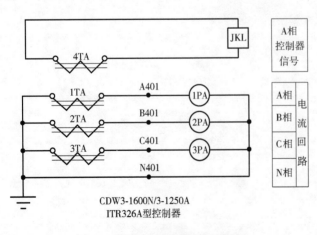

图 2-1 低压电流互感器功能示意

图 2-2 低压电流互感器照片

（2）第二组为低压测量用电流互感器，分别设于三相上，仅测量用，故本案例中采用了单绕组电流互感器。图 2-2 中端子排分为了两段，与高压侧一致，为厂家原因，也可以采用一段，是常规做法，详见端子排的介绍。

1）A401～C401 为测量用，图 2-1 中为 1PA、2PA、3PA 三电流表，如图 2-3 所示，端子 1PA-1、2PA-1、3PA-1、3PA-2 分别接于仪表板，1TA-1、2TA-1、3TA-1、1TA-2 为柜内电流互感器，测量线圈端，电流互感器接地线用连接片连接。电流表与互感器之间连线为A401、B401、C401，汇于 N401，图 2-4 中可见 N401 接入点处有并接线，即为电流表链式接线的证明。

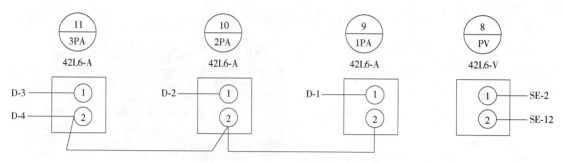

图 2-3　低压电流表、电压表接线示意

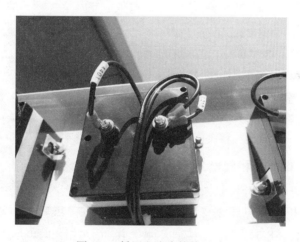

图 2-4　低压电流表接线照片

2）设于端子排上的接线对应 1PA-1，2PA-1，3PA-1，3PA-2 为 D-1、D-2、D-3、D-4。多功能电压表 PV 如图 2-3 所示，端子排上接线为 SE-2 及 SE-12。

3）多功能电压表 PV 的接线，本案例选用 yh2/2 型万能转换开关，其三相均设置熔断器 1FU～3FU，为转换开关提供保护。转换开关后进线接点为 SE-1、5、9，其中 1 和 3 连通，5 和 7 连通，9 和 11 连通，故接线图中仅表示 SE-1、5、9 即可，在接线图 2-5 中可见，A、B、C 为电源侧。

如图 2-6 及图 2-7 所示，背板最右边上方为电压表，可看见有线号 SE-2 及 SE-12 接入仪表盘的电压表，其下 yh2/2 型万能转换开关，左侧面有线号 SE-2 及 SE-4，为计量的起始一

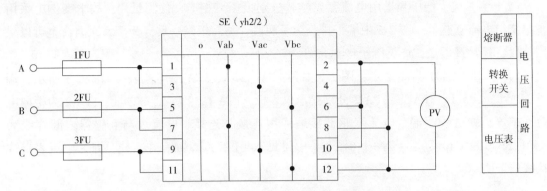

图 2-5　万能转换开关接线示意

侧，是由 yh2/2 型万能转换开关的引出端，在接线图 2-5 中右侧，其中 SE-2、6、10 均接于一点，SE-4、8、12 均接于另外一点，在转换开关内完成跳线，所以外接线路仅显示 SE-2 及 SE-4。

万能转换开关实物为有横向连接金属片的 2 个分别接电表的两端，即 SE-2 及 SE-4，又由于 SE-4 及 SE-12 实际接于一点，其实仅线号表达不同，实际为同一根线。竖向连接金属片的 3 个由面板开始分别连接 A B C 三相，在另外一侧，就是上文说的 SE-1、SE-5、SE-9，照片中不可见。

当转换开关打在 V_{ab} 档位时，SE-2 及 SE-8 接通，测量 A、B 两相相间电压 V_{ab}；当转换开关打在 V_{ac} 档位时，SE-4 及 SE-10 接通，测量 A、C 两相相间电压 V_{ac}；当转

图 2-6　箱变低压仪表板背面照片

图 2-7　箱变低压仪表板正面照片

换开关打在 V_{bc} 档位时，SE-5 及 SE-12 接通，测量 B、C 两相相间电压 V_{bc}。

2.2　箱变控制主回路二次原理

1. 储能回路

（1）本案例中选用的是 cdw3-1600n 万能断路器，因为有智能控制的二次侧要求，故该系列产品需给控制单元提供电源，如图 2-8、图 2-9 所示，如不设电源模块，则该断路器只是一个普通的空气断路器。

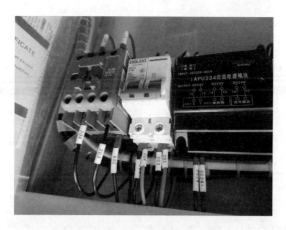

图 2-8 交流电源模块接线照片

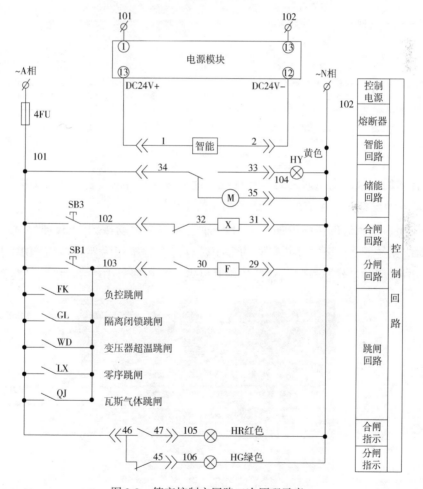

图 2-9 箱变控制主回路二次原理示意

（2）这一款真空断路器的储能机构并非电动，而是手动反复下拉拉杆，使电机弹簧储能，达到合闸的要求时，黄色储能指示灯 HY 会点亮。此时，智能模块如是试验模式，可以进行实验性的调试；如是工作模式，则可以进行保护等操作。

2. 合闸原理

（1）合闸之前，合闸指示回路的常开触点打开，相应的合闸红色指示灯 HR 为熄灭状态，分闸指示回路的常闭触点保持，相应的分闸绿色指示灯 HG 为点亮的状态。

（2）合闸时，按下合闸按钮 SB3，合闸线圈得电，真空断路器闭合，所有相关的常开触点及常闭触点均由常态变为相反的状态，如合闸线圈的常闭触点打开，合闸线圈失电，分闸线圈的常开触点闭合，可以随时进行分闸操作。

（3）分闸、合闸按钮接线示意见图 2-10，合闸回路接线点为 D-9 及 D-15，分闸回路接线点为 D-9 及 D-17，共用供电点，D-15 及 D-17 分别至分闸、合闸线圈的接线点 SB3-2（线号 102）及 SB1-2（线号 101）。此处表达为端子排的端子号。

图 2-10 箱变分闸、合闸接线示意

（4）合闸后，合闸指示回路的常开触点闭合，相应的合闸红色指示灯 HR 点亮，分闸指示回路的常闭触点打开，相应的分闸绿色指示灯 HG 熄灭。

（5）按钮、指示灯的接线图如图 2-11 所示，左侧为启动按钮 SB3，照片可见接线为线号 102，对应系统图 2-9 至空气断路器的常闭触点，右侧按钮为停止按钮 SB1，照片可见接线为线号 103，对应系统至空气断路器的常开触点，合用线号 101，并接至二次系统干线上。

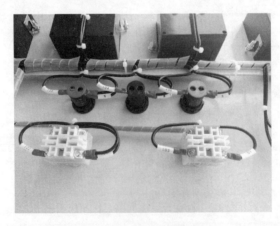

图 2-11 箱变分闸、合闸接线照片

上方三个按钮分别为合闸红色指示灯 HR，照片可见接线为线号 105，对应系统至空气断路器的常开触点；黄色储能指示灯 HY，照片可见接线为线号 104，对应系统至空气断路器储能电机的常开触点；分闸绿色指示灯 HG，照片可见接线为线号 106，对应系统至空气断路器储能电机的常闭触点，均公用 N 线，并接至二次系统干线上。

3. 分闸原理

（1）进行分闸时，按下分闸按钮 SB1，由于之前分闸线圈保持得电，真空断路器断开，所有相关的常开触点及常闭触点均恢复常态，合闸线圈的常闭触点闭合，合闸线圈保持随时可合闸状态，分闸线圈的常开触点打开，防止误分闸的出现。图 2-9 中线号 103 及 101 接于 SB1 的两侧。

（2）负控跳闸，是指实行负控装置自动运行后，当负荷超标时，装置就会自动告警，如 15 分钟内没有降负荷的话，负控装置将自动跳闸。图 2-9 中线号 103 及 101 于 SB1 并接。

（3）隔离闭锁跳闸，闭锁的种类很多，高压侧的是与隔离柜之间的闭锁，前章有述，低压侧有可能是弹簧未储能；如果是 SF6 断路器，气体降至闭锁压力，则需要补气至额定压力；如果是液压操作机构则油压过高时，需降至闭锁压力；如果是断路器自身的电气保护设定，那要调整电气回路至正常状态，总之，要根据不同的闭锁要求来处理，恢复到常态，如果不能达到标准，则设置分闸闭锁，按照需要的闭锁条件，设计逻辑回路。图 2-9 中线号 103 及 101 于 SB1 并接。

（4）变压器超温跳闸，后文记述。图 2-9 中线号 103 及 101 于 SB1 并接。

（5）零序跳闸，TN 和 TT 接地系统的变压器的中性点是接地的，接地的目的是为了保证中型点的电位始终为零电位。所以如果三相配电严重不平衡或有较大的零序电流时，会有一部分电流回到地，零序电流主要由不平衡负载所致，并且出现了严重的中性点偏移。

在 10kV 供电系统中，为了提高供电的可靠性，在一相接地的情况下，都还可以使用 2 小时，2 小时之内还找不到原因，才停电检查，所以零序保护应该可仅设报警，但不设置跳闸。至于单独供电的高压设备，主保护是短路保护和过流保护，零序保护可以投入作为报警也可以不投入，或是两段保护，先报警后跳闸，这个根据设备的需要和保护等级确定。

本案例中为箱式变电站，为单独供电的高压设备，考虑故障面小，故按零序跳闸进行设计。图 2-9 中线号 103 及 101 于 SB1 并接。

（6）瓦斯气体跳闸，与高压侧的介绍相同，如为油浸式变压器可有该功能，如为干式变压器则不设置，本案例中为干式变压器，并不涉及，仅做示意。图 2-9 中线号 103 及 101 于 SB1 并接。

2.3　变压器温控器二次原理

1. 温度计电接点压力表原理

（1）测温。基于密闭的测温系统内，如变压器内的绝缘油或蒸汽，通过压力与温度之间的变化关系实现测温，测量时，热电耦合，插入变压器油或环氧树脂等介质中，当被测介质的温度变化时，蒸发的液体会产生相应的饱和蒸汽压力，此压力通过图2-12中金属毛细管传给图2-13（见文前彩插）中电接点温度计的弹簧并使其变形，弹簧一端相连的是拉杆，带动齿轮传动机构，使指示针的转轴转动，偏转一定的角度，在指示盘上指示出被测介质的温度。

（2）动作。图2-13中红色的两根指示针是上下限的温度，也可以根据需要，用钥匙调整上下限指示针的位置，将测量的范围调整于一个给定值上，当被测介质的温度达到和超过最大或是最小的给定值时，动接点便和上限接点或下限接点相接触，接通电路，用于变压器时，为上限超温时跳闸，发出信号，图2-13中白色护套线为引出线，并通过超温报警信号进行分闸操作。

图 2-12　箱变热电偶照片

2. 二次原理图

（1）见图2-14，温控器WK上接热电耦合，在图2-12中，可见是设于变压器上温度传感器，在图2-13中，则是设于箱变侧壁的电接点温度计，显示实时的温度。热电耦合超温时，温控器常开触点WK闭合，会发出蜂鸣报警，面板上"报警"灯亮，如有远控也可在远距离的控制柜上进行控制声光报警。由图2-9知，开关的超温跳闸线号103及101于SB1并接，面板上分闸指示灯亮，进行分闸操作，切断电源，保护干式变压器。

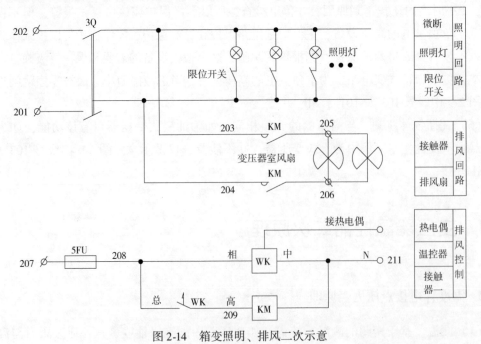

图 2-14　箱变照明、排风二次示意

（2）同时温控器 WK 线圈得电，常开触点闭合，接触器 KM 线圈得电，则其常开触点 KM 闭合，排风扇启动，进行降温操作。当温度降至红色指示针之内时，超温分闸的常开触点复位，可以再次进行合闸的操作。温控器的面板如图 2-15 所示。

（3）图 2-16 是背板接线，设有低温及高温两档信号，本案例仅测量超温，故低温档不做接线。端子排上 D-22、D-25 为温控器 WK 电源端，线号为 208 及 N，分别为相线及中性线，N 线也可以标注为 211（图 2-14），其实同一个意思，所以选择了两张背板接线的照片，即图 2-17（见文前彩插）及图 2-18，就是介绍两种线号表达的不同之处。D-24 为温控器 WK 控制端，线号为 209，上端温度采集为两根花线，引至热电耦合，为设备自带。

图 2-15　箱变温控器面板照片

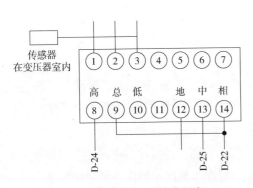

图 2-16　箱变温控器接线示意

图 2-18　箱变温控器背板接线照片 2

（4）风扇及柜内照明设有独立的一个供电单元，在图 2-14 中可见中断路器 3Q，图 2-8 中的中间单相微型断路器进线线号为 201、202，出线压接两组线号为 203 及 204。为变压器室内检修照明时，采用限位开关控制，柜体门闭合时，微型断路器 3Q 得电情况下时，下口的线号 203 及 204 为风扇供电电源，相同编号的另外一组并连线压接，为柜内照明进行供电，合闸时处于点亮状态。而打开柜体，常闭触点断开，照明熄灭。

（5）由图 2-8、图 2-14 中接触器 KM 可见，设有一对常开触点，分别断开 N 线及相线，线号为 203 及 205，另外一对常开触点 204 及 206，分别为风扇的开合控制，接触器 KM 得电时，两对常开触点 KM 闭合，风机运行，对变压器进行风冷降温。

（6）变压器风扇设于箱式变压器室内，起到排风散热的作用，除了超温跳闸等情况，变压器自身运行也会产生空载损耗，带负载以后会产生负载损耗，均会产生热能，这些热量也需要不定时散发，需要设置顶部电风扇，有三相，也有单相，本案例中为单相风扇，安装示意如图 2-19 所示，此处为箱式变电站的特有形式，独立变配电室则多机房内设置送排风设备，柜内一般不再另行装设。

图 2-19　变压器室内风扇的安装照片

2.4　低压侧端子排

1. 低压侧端子排的作用

如图 2-20（见文前彩插）所示，同样端子排左段较宽为各种仪表板设备，即电流互感器、电压互感器等，中间段是以 101、102 为电源的断路器操作电源模块端子排，右段是为 201、202 为电源的风机、照明、测温等端子排。

本案例端子排序号未有示意，需要对应系统图来识别，连接片为中间的金属螺丝式样，多是为方便中转过渡，方便跳线等用。需要注意端子板在本案例中柜内外的进出关系不明显，因为由图 2-21 可知，除了电容柜的电流互感器一组，再无外引设备。连接片检修分断的功能也不算明确，即并非仅作为中间过渡使用，这里更多是通过连接片，进行公用电源分配或并接多种相同信号，如中性点 N，这也是端子排的另外一种作用，为小型的信号分接点。

2. 端子排二次原理

（1）电流互感器。端子排上占用端子号 D-1、D-2、D-3、D-4，仪表板设备为 1PA-1、2PA-1、3PA-1、3PA-2，其表下接线线号为 A401、B401、C401、N401，另外一端引至柜内 1TA-1、2TA-1、3TA-1、1TA-2 电流互感器。与高压侧相同，电流互感器均有接地要求，故图 2-20 中左侧可见一根花线（PE），端子排上占用端子号 D-5。

（2）指示灯。端子排上占用端子号 D-6、D-7、D-8，仪表板设备为合闸红色指示灯 HR

（HR-1 接线端），分闸绿色指示灯 HG（HG-1 接线端），黄色储能指示灯 HY（HY-1 接线端），设备接线线号为 105、106、104，与图 2-9 及照片对应，柜内对应于真空断路器的常闭触点（QF-47）、常开触点（QF-45）、常开触点（QF-33）。

（3）分闸信号。端子排上占用端子号 D-9 ~ D-20，该出线与仪表板无关，均为内部连线，负控跳闸、变压器超温跳闸、零序跳闸、瓦斯气体跳闸等四个功能的实现，均跨接于 101 及 103 出线上（图 2-9）。隔离闭锁跳闸在真空断路器内部完成，端子板上没有相应的位置。

图 2-20 中其实存有部分错误，就是有一个 103 的线号打成了 102，予以指出。

（4）温控器 WK 功能。端子排上占用端子号 D-21 ~ D-27，该出线与仪表板无关，见图 2-14，207、208 出线跨接熔断器 5FU，208 出线点通过连接片分别连接温控器 WK 的线圈及常开触点，图 2-20 中 208 并排两线，同时设有连接片可见，遇到并点时采用了连接片，设于同侧。209 出线则是接触器线圈 KM 及 WK 常开触点的另外一端，图 2-20 中可见线号 209 为典型跳线作用，接线时是在端子排的上下两侧。211 也是并点，因为其同时就是 N 线，所以实际接线时可见图 2-20 中为多根外侧 N 线的标志，一样采用连接片，也设于同侧及上下两端。

同时需要 N 线的还有 HY 指示灯的 N 线端，接触器 KM 的两个启动风扇的常开触点，即图 2-21 中的 KM-A2，以及电源模块的 N 线（图 2-20 中未见标号），图 2-20 中均在端子排的内侧两点 N 线示意，上述五点通过连接片，均接于 N 线。

（5）去往电容柜。端子排上占用端子号 D-28 ~ D-29，4TA-1 及 4TA-2 即电容补偿柜的一组电流表，接线的线号为 A421、N421，为同线串联，端子排两侧均为 A421、N421，见图 2-25 及图 2-26。

（6）空气断路器的二次侧接线，见图 2-22 及图 2-23，在开关的上方，空气断路器上的 QF-2、28、34、46 等节点通过黑色跳线连接，由 D-10 外引，作用为负控跳闸的一个接点；QF-1、25、29、31 等节点通过跳线连接，由 D-26 外引，作用为储能黄色指示灯 HY 的一个节点；QF-32 由 D-15 外引，作用为合闸按钮 SB3 的一个接点，QF-30 由 D-16 外引，作用为负控跳闸的另外一个接点；QF-33 由 D-8 外引，作用为储能黄色指示灯 HY 的另外一个节

仪表板上	D	配电柜内	端点号
1PA-1	1	1TA-1	A401
2PA-1	2	2TA-1	B401
3PA-1	3	3TA-1	C401
3PA-2	4	1TA-2	N401
	5		
HR-1	6	QF-47	
HG-1	7	QF-45	
HY-1	8	QF-33	
SB3-1	9	4FU-2	101
负控跳闸	10	QF-2	
闭锁跳闸	11		
变压器超温跳闸	12		
零序跳闸	13		
电源模块-1	14		
SB3-2	15	QF-32	
负控跳闸	16	QF-30	
闭锁跳闸	17	SB1-2	
变压器超温跳闸	18		
零序跳闸	19		
	20		
	21	5FU-2	
	22	WK-14	
	23		
KM-A1	24	WK-8	
KM-A2	25	WK-13	211
HY-2	26	QF-1	
电源模块-2	27	N	
去往电容柜	28	4TA-1	
去往电容柜	29	4TA-2	

图 2-21　箱变低压侧端子排接线示意

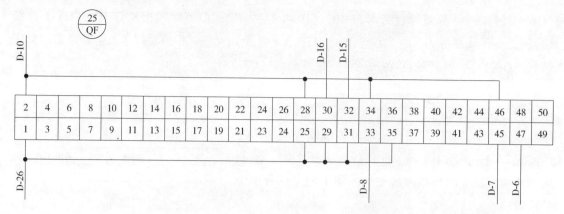

图 2-22　箱变低压主进开关端子排接线示意

点；QF-45、QF-47 分别由 D-7、D-6 外引，作用为
红色合闸指示灯 HR 及绿色分闸指示灯 HG 的一个
接点；而另外一个接点由 QF-46，通过 D-10 并接
（D 为端子号，QF 为断路器出线号，结合对应）。

　　图 2-23 中并没有拍到具体线号，但可以看到
±24V 直流电源输入，就是断路器最左侧的上下两
点，可见占用上下 QF-1 与 QF-2 接线位，与图 2-9
一致，其余跳线与内部连线参见产品样本即可。

图 2-23　箱变低压主进开关端子排接线照片

2.5　无功功率补偿二次原理

1. 低压补偿容量的估算

　　低压侧新安装无功补偿并联电容器容量需要补偿后设备功率因数达到95%以上，一般
方案阶段可以按照变压器容量的 20% ~ 40% 选择补偿量，如 800kVA 变压器一般可按
240kvar 进行补偿，1000kVA 变压器一般可按 300kvar 进行补偿。箱式变电站的无功补偿则
需要考虑是民用建筑还是工业建筑，箱变为厂区使用时，由于动力设备功率因数普遍较低，
这时候补偿的无功功率一般比民用建筑的容量要大，可以到达 40% ~ 50%，这是工业项目
的特殊之处，另外需要注意，由于箱变内部空间有限，所以箱变的变压器多不会做得太大，
而补偿的电容器组数也会偏少。

2. 具体接线

　　（1）电容补偿控制器进线如图 2-24 所示，JKL-UB、JKL-UC、JKL-V 分别为熔断器 4 ~
6FU 的出线端，图 2-25 中见左上角示意，为电容补偿控制器电源进线端保护，设计中采用

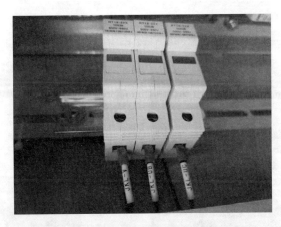

图 2-24　电容补偿控制器侧熔断器接线照片

了 10A 额定电流的熔断器 RT18，JKL-UB、JKL-UC 分别为 B、C 两相的电压，JKL-V 则是 A 相的电流。

（2）JKL 控制器的接线如图 2-26 所示，下端接线排中，右下侧 N421 与 A421 为外接电流互感器，由低压进线柜引来，左下侧 UB 及 UC 为外接电压互感器回路，图 2-25 中另一路公共端 V 则在上部接线排的左侧。上部接线排 V 右侧 1～4 等为具体的补偿回路，电容补偿控制器侧接线示意照片与本案例系统图并非同一项目，图 2-26 仅示意接线的案例。本案例系统中为 1～10 路，具体接线根据一次图中的补偿要求进行设定。

（3）补偿支路的接触器接线如图 2-27 所示，任意选取了一只，接触器的主电源侧为红黄绿三色电线，分别示意三相，上进下出，也为一次电路，不在本次介绍范围内。重点介绍接触器的设置，作为补偿支路用接触器，式样与动力用接触器有所不同，如图 2-25 所示，

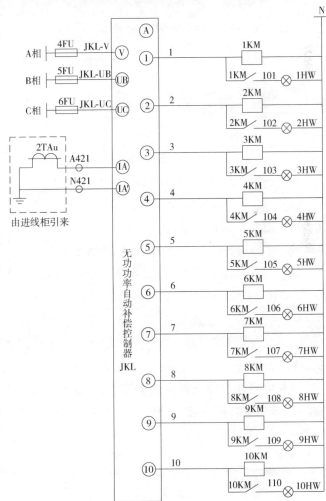

图 2-25　电容补偿控制器侧熔断器接线示意

接触器 KM 线圈与常开触点之间存在并接连线，在图 2-27（见文前彩插）中可以看到灰色

线即是，分别从各相的线圈侧的端子引至常开触点侧的端子，同时常开触点下端引出，至白色指示灯，图 2-25 中为线号 101～110，图 2-28 中可见相关线号，公用 N 线。

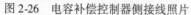

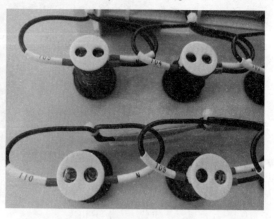

图 2-26　电容补偿控制器侧接线照片　　　　图 2-28　电容补偿控制器补偿指示灯接线照片

2.6　低压侧的熔断器保护

由图 2-9 可见，电压回路需要设置熔断器，箱变的低压二次需要的电压回路包括：

（1）yh2/2 万能转换开关保护，图 2-5 中有述，设于开关柜内，三相均设置，为 1FU～3FU 转换开关保护。之后为 SE1、5、9，如图 2-29 所示。

（2）对于低压主进开关的二次回路 101、102 的保护，在图 2-9 主回路可见，为熔断器 4FU，端子号为 D-9。

A —①	1FU	② SE-1
B —①	2FU	② SE-5
C —①	3FU	② SE-9
①	4FU	② D-9
①	5FU	② D-21

图 2-29　开关柜内熔断器接线示意

（3）变压器柜的风扇、柜体照明的保护二次回路 201、202 设于变压器柜，在排风控制的二次图 2-14 中可见，为熔断器 5FU，端子号为 D-21。

（4）电容补偿控制器进线如图 2-24 所示，设于电压补偿柜，可见 JKL-UB、JKL-UC、JKL-V，分别在熔断器 4FU、5FU、6FU 的出线端，与低压柜熔断器示意图 2-29 无关。

第3章 固定式变电站高压侧二次原理图
设计实操

3.1 固定式10kV受电柜基本概念

1. 固定式10kV受电柜的作用

即高压进线断路器柜，高压电能分配之用，设于高压计量柜之前，进线隔离柜之后。真空断路器设有速断（多按8~12倍额定电流进行设置）、防过流等作用，加之综合保护器，使保护功能更加完善，配备以电流互感器、电压互感器，使进线柜具备保护、测量、监控等综合功能。

本章将以10kV受电柜作为主要讲述内容，其余柜体对比参照即可，不同点会列举出来，但共性内容就以受电柜为基准。

2. 柜内主要电器元件

如图3-1所示，柜内主要电器元件包括：真空断路器手车1QF，综合保护装置ZB，电压互感器柜，电流互感器TA（分别为0.5级的测量回路，与10P15级的保护回路，见箱变高压侧介绍），网络仪表PM（由电流表等采集信号），高压带电显示器GSN（母线测温，一次图中不可见），温、湿度控制器WSP（湿度为固定式柜体新增功能）等。

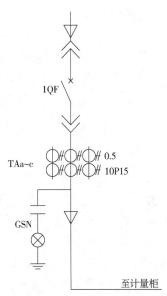

图3-1 10kV受电柜一次图示意

3.2 10kV受电柜端子排的设计理念

1. 端子排分类

（1）端子排的分类可见前文介绍，外放端子排是将屏内设备和屏外设备的线路相连接，起到信号传输与过渡的作用；内部端子排为柜内设备的跳线之用，起到不摘除设备处接线的

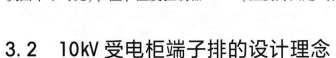

断开二次回路的作用。

（2）选取一个 KN28-10kV 固定柜作为具体案例，相比箱式变电站要复杂得多，本案例总体思路上，分了四段端子排，分别为 X1~4 段。其中 X1 为电流端子排，X2 为顶部母线端子排，X3 为电压端子排，X4 为外放端子排。

2. 高压出线柜 X1（电流）端子排接线

10kV 受电柜测量及保护二次图示意及 X1 电流端子排如图 3-2、图 3-3 及图 3-4 所示。

X1 端子排接线为电流端子排，所接线均为电流采集及输出，各盘厂名称不同，但意义一样，便于区别。

（1）网络电力仪表的接线，以下简称 PM，可见图 3-4 中为 X1 的电流接线端在左侧。

（2）电流测量回路连接电流互感器为 TAa：1s1、TAb：1s1、TAc：1s1，线号分别为 A411、B411、C411，对应于端子系统图 3-3 为端子号 X1：1、X1：2、X1：3，右端接线为 PM25、PM27、PM29，对应于图 3-4 中可见下方为 TAa：1s1、TAb：1s1、TAc：1s1，上方 PM25、PM27、PM29 为进线端子，与系统对应。

电流测量回路连接综保 ZB 回路另一端为 PM26、PM28、PM30，线号分别为 A412、B412、C412，对应于端子系统图上为端子号 X1：8、X1：9、X1：10，右端接线为综保 ZB：X2-9、ZB：X1-11、ZB：X2-11，对应于图 3-4 中可见上方为 ZB：X2-9、ZB：X1-11、ZB：X2-11，PM26、PM28、PM30 为下

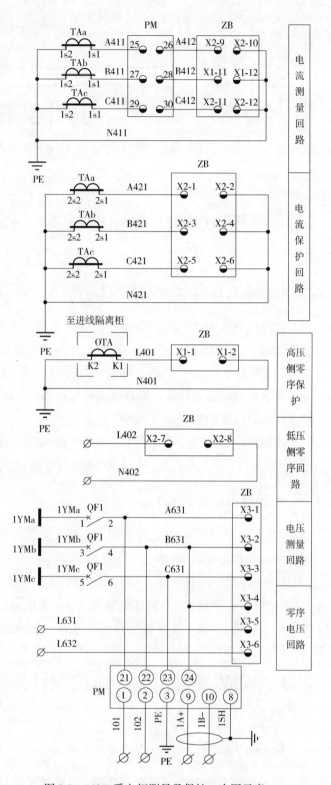

图 3-2　10kV 受电柜测量及保护二次图示意

X1 电流端子排			
TAa:1s1	1	A411	PM:25
TAb:1s1	2	B411	PM:27
TAc:1s1	3	C411	PM:29
TAa:1s2	4	N411	ZB:X1-12
TAb:1s2	5		ZB:X2-10
TAc:1s2	6		ZB:X2-12
	7		PE
PM:26	8	A412	ZB:X2-9
PM:28	9	B412	ZB:X1-11
PM:30	10	C412	ZB:X2-11
TAa:2s1	11	A421	ZB:X2-1
TAb:2s1	12	B421	ZB:X2-3
TAc:2s1	13	C421	ZB:X2-5
TAa:2s2	14	N421	ZB:X2-2
TAb:2s2	15		ZB:X2-4
TAc:2s2	16		ZB:X2-6
	17		PE
至进线隔离柜 OTA:K1	18	L401	ZB:X1-1
至进线隔离柜 OTA:K2	19	N401	PE
ZB:X1-2	20		
ZB:X2-7	21	L402	
ZB:X2-8	22	N402	
	23		
	24		

图 3-3 X1 电流端子排示意

侧出线端子，与系统对应。

（3）电流保护回路为 TAa：1s2、TAb：1s2、TAc：1s2，线号分别为 A421、B421、C421，对应于端子系统图上为端子号 X1：4、X1：5、X1：6，右端接线为综保的 ZB：X1-12、ZB：X2-10、ZB：X2-12，对应图 3-4 中可见上方为 ZB：X1-12、ZB：X2-10、ZB：X2-12，下方 TAa：1s2、TAb：1s2、TAc：1s2 为下侧出线端子，与系统对应。

（4）电流保护回路电流互感器连接综保的一端回路为 TAa：2s1、TAb：2s1、

图 3-4 X1 电流端子排照片

TAc：2s1，接线至综保的 ZB：X2-1、ZB：X2-3、ZB：X2-5，线号分别为 A421、B421、C421，对应于端子系统图上为端子号 X1：11、X1：12、X1：13，对应图 3-4 中可见上方为 ZB：X2-1、ZB：X2-3、ZB：X2-5，下方 TAa：2s1、TAb：2s1、TAc：2s1 为下侧出线端子，与系统对应。

（5）电流互感器另一端回路为 TAa：2s2、TAb：2s2、TAc：2s2，接线为综保的 ZB：X2-2、ZB：X2-4、ZB：X2-6，线号为 N421，对应于端子系统图上为端子号 X1：14、X1：15、X1：16，对应图 3-4 中可见上方为 ZB：X2-2、ZB：X2-4、ZB：X2-6，下方 TAa：2s2、TAb：2s2、TAc：2s2 为下侧出线端子，与系统对应。

（6）零序电流互感器，分为高压零序保护与低压零序保护。高压零序电流保护，由远程去高压进线隔离柜，电流测量回路两端分别连接综保，一端为零序互感器 OTA：K1 连接综保 ZB：X1-1，线号为 L401，端子系统图上为端子号 X1：18，一端为零序互感器 OTA：K2 连接综保 PE（接地），线号为 N401，端子系统图上为端子号 X1：19。低压零序保护，电流测量预留端子，另外一端连接综保 ZB：X2-7、ZB：X2-8，线号分别为 L402、N402，端子系统图上为端子号 X1：21、X1：22。对应图 3-4 中高压零序电流保护，可见上方为 ZB：X1-1、PE 花线，下方 OTA 高压侧零序互感器预留。低压零序保护图 3-4 中为左侧上方端子预留，前文提及去变压器低压侧，其下方为 ZB：X2-7、ZB：X2-8，与系统对应。

（7）几处接地，电流互感器如果是低压回路可以不接 PE 地线，但是高压回路二次侧须接地。电流互感器接地的目的主要为了防止一次、二次间绝缘击穿时，一次高压不直接进入二次回路（该点需要格外注意，高压电流互感器与低压电流互感器的主要区别就是电压等级不同，耐压的要求也不同，高压绝缘击穿时的危害更大，所以高压电流互感器的绝缘要求会更高）。

两组电流互感器分别接地，测量用电流互感器 TAa：1 接地占用端子图上端子号 X1：7，保护用电流互感器 TAa：2 接地占用端子图上端子号 X1：17，低压零序电流互感器不设于本柜，高压零序电流互感器则设于本柜，电流互感器 OTA 接地占用端子图上端子号 X1：19，综保也需要接地，故 ZB：X1-2 通过连接片与 X1：19 连在一起，完成综保 ZB 接地，端子系统图上为端子号 X1：20，图 3-4 中花线与系统对应。

3. 高压受电柜、X2 顶端母线端子排接线

高压受电柜 X2 顶端小母线进线均为 X2 打头，即由开关至 X2 母线。顶部小母线安装示意参见图 3-5，X2 顶部母线端子排参见图 3-6，X2 顶部母线端子排系统参见图 3-7。

（1）1YMa，1YMb，1YMc 是从母线电压互感器来的，就是电压互感器引出的 A、B、C 三相电压，因其打头"1"字，也称为第一组母线系统，它们互相之间的电压是 AC220V，图 3-7 中引至 QF1，三相则为 AC380V，故采用三相交流微型断路器，端子图上占用 X2：7 ～ X2：9，由 QF1 引至顶部母线 YMa、YMb、YMc。

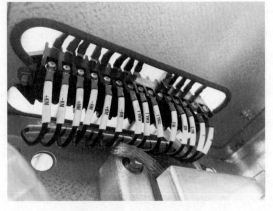

图 3-5　顶部小母线安装照片

（2）控制电源和储能电源多是直流 220V 或 110V 的，对应于图 3-8（见文前彩插）中可见 X2 顶端小母线，左侧的六个端子，进线由直流电源母线提供，是从主控制室的直流盘上供出，后文有述，图 3-7 中命名为 +KM、-KM、+BM、-BM、+HM、-HM，为控制电源和开关储能电源等，本案例中可见二次系统是直流 220V。通过 X2 端子排过渡，给 QF2～4 供电，对应于端子系统图上为端子号 X2：1～X2：6，右端接线为 +KM、-KM、+BM、-BM、+HM、-HM，如图 3-8 中可见为直流断路器。

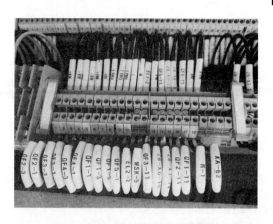

图 3-6 X2 顶部母线端子排照片

（3）直流断路器与交流断路器在本案例中均有信号采集功能，如控制及保护信号，在图 3-6、图 3-7 中均可见 701-X2：13，701-X2：14，701-X2：16，701-X2：17，701 的代号本案例中均为综保小母排 FM 上信号，通过跳线连接 QF1：11，QF2：11，QF3：11，QF4：11，QF5：11，均在微型断路器左边，统一为编号 11 的直流接线端子，为控制回路断线及事故总信号等。照片中从左至右分别为：QF1 引出 701-X2：17，QF2 引出 701-X2：16，QF3 引出 701-X2：13，QF4 引出 701-X2：17，QF5 引出 701-X2：14，与 X2 端子排对应。

（4）加热电源是交流 220V 的，是从主控制柜的交流盘上供出，为 QF5，额定电流 6A，对应于端子系统图上为端子号 X2：10，X2：11，线号为 L、862，对应于端子系统图上为照片中为上口的 L-X2：10。除为加热电源，由系统可知同为仪表室照明 EL1、电缆室照明 EL2 的电源，由图 3-6 可见，电联

X2	顶端小母线		
QF2:3	1	+KM	+KM
QF2:1	2	-KM	-KM
QF3:3	3	+BM	+BM
QF3:1	4	-BM	-BM
QF4:3	5	+HM	+HM
QF4:1	6	-HM	-HM
QF1:1	7	1YMa	1YMa
QF1:3	8	1YMb	1YMb
QF1:5	9	1YMc	1YMc
QF5:1	10	L	L
EL2:2	11	862	N
WSK:6	12		EL1:2
QF3:11	13	701	FM
ZB:X6-10	14		QF5:11
ZB:X7-14	15		ZB:X7-12
QF2:11	16		ZB:X8-13
QF1:11	17		QF4:11
R:1	18	703	XM
KA:62	19	708	SYM
	20		
	21		
	22		

图 3-7 X2 顶部母线端子排系统示意

是照明为外接，与图 3-6 中设备柜后对应，而仪表室照明 EL1 则是由盘前按钮 SF 控制，均是交流 220V。从主控制室的交流盘上供出的左侧为 QF5 为交流 220V 单相微断。

（5）示例中命名为 XM、SYM 是事故音响回路母线，由端子排系统图中可见为 R：1 及 KA2：62，R 为电阻器，KA 为合闸中间继电器，图 3-9 可见电阻器接线，电阻通过中间继电器 KA 的常闭触点，并联在其合闸接触器线圈上，作用为线圈消磁，使接触器快速释放。

图 3-9　电阻器接线照片

（6）图 3-8 中最右侧为中间继电器，本节也一带而过。上口不再是母线，左侧接线为：断路器合位的外放点 X4：55、X4：56 及断路器分位的外放点 X4：57、X4：58 两组常开触点，再右为事故音响信号回路的一组常闭触点 X3：64、X2：19，最右为继电器 KA 的线圈接点 X3：8、X3：27。

（7）X2 顶部母线端子排如图 3-6 所示，与 X1 端子排独立设置相似，X2 端子排可与 X3 端子排设于一体，会在起始与终止的位置上设置白色遮挡板，一般可以在上面做名字的标志，本案例中尚未最终交付使用，所以仅可看到白色的遮挡板，未见标志，因其与 X3 端子排设为一体，故予以区别和分开。

端子排系统从左到右，图 3-6 中设置从下到上，占用 X2：1 ~ X2：19 个接线位，如最后一位下方为 KA：62 及上方为 SYM，不一一介绍。X2：20 ~ X2：22 位在图 3-6 和图 3-7 中也可见，为预留位。

4. 高压受电柜其余端子排

本案例中 X3 与 X4 端子排为主要的接线排，引入引出信号繁多，并无特别一致的功能，故不展开描述，在介绍设备接线时带过，联络知识点。

（1）X3 端子排为电压端子排，所接线均为电压采集及输出，如综保、面盘的仪表、指示灯、二次回路电源开关、转换开关、湿度控制器、带电显示器等，各盘厂名称不同，但意义一样，便于区别，见图 3-10。

X3	电压端子排		
PM:21	1	A631	ZB:X3-1
QF1:2	2		
PM:22	3	B631	ZB:X3-2
QF1:4	4		
PM:24	5		ZB:X3-4
PM:23	6	C321	ZB:X3-3
QF1:6	7		
HLT:X3	8	102	KA:A2
PM:2	9		ZB:X7-8
GSN:–	10		GSN:K2
QF2:2	11		1QF:14
1QF:18	12		1QF:20
1QF:30	13		
HG:2	14		HR:2
HLE:X3	15		HLQ:X3
ZB:X6-3	16	106	LP3:2
ZB:X6-9	17	108	ZB:X7-7
LP3:1	18		KK:6
LP2:1	19	109	SA:2
ZB:X6-8	20	110	ZB:X7-2
KK:8	21		
ZB:X6-7	22	111	LP2:2
ZB:X7-6	23	113	1QF:8
ZB:X7-5	24	115	1QF:4
ZB:X7-3	25	119	LP1:1
ZB:X6-2	26	121	LP1:2
HLQ:X1	27	123	KA:A1
1QF:21	28		HR:1
HLQ:X2	29	125	1QF:22
HG:1	30		
1QF:50	31	127	HLT:X2
1QF:51	32	129	HLT:X1
HLE:X1	33	137	JD:6
HLE:X2	34	139	JD:8
ZB:X8-10	35	802	ZB:X8-18
QF3:2	36		
ZB:X8-6	37	803	1QF:17
ZB:X8-7	38	805	1QF:56
ZB:X8-2	39	807	1QF:36
ZB:X8-9	40	809	JD:2
LP4:1	41	821	ZB:X8-11
LP5:1	42		SA:7
ZB:X5-1	43	823	SA:8
ZB:X5-3	44	825	LP4:2
ZB:X5-2	45	827	LP5:2
ZB:X5-5	46	829	ZB:X8-12
SF:23	47	851	QF5:2
EL2:1	48		WSK:10
WSK:8	49	853	JR1:2
WSK:9	50	855	JR1:2
WSK:1	51	857	JR2:1
WSK:2	52	859	JR2:2
SF:24	53	861	EL1:1
SF1:23	54	871	QF4:4
1QF:24	55		
HY:2	56	872	QF4:2
1QF:35	57		
1QF:25	58	873	SF1:24
1QF:34	59	875	HY:1
DSN2:2	60	03	GSN:K1
DSN1:1	61		
KK:1	62	90	R:2
KK:2	63	92	KK:17
KK:18	64	94	KA:61
GSN:a	65	A911	SEN:a
GSN:b	66	B911	SEN:b
GSN:c	67	C911	SEN:c
	68		
	69		
	70		

图 3-10　X3 电压端子排示意

（2）X4 端子排为外放端子排，所接线均为对外引出的信号，如至需连锁的计量柜、隔离柜，综保及断路器的远控信号等，端子内侧则为本柜各种采集信号。

3.3 10kV 受电柜主要设备

1. 万能转换开关接线

本案例中转换开关要比箱式变电站复杂得多，采用 LW12 万能转换开关，其标注示意如图 3-11 所示（摘自产品样本）。

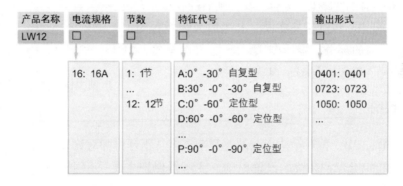

图 3-11 LW12 产品代号示意（摘于厂家公开信息）

（1）型号标注意义。其中 LW12 表示万能转换开关型号，16 表示额定电流 16A，A ~ P 为特征代号，分为自复型、定位型等，自复型开关初始位置在中间，旋转到目的位置后会迅速复位，复位型三位转换开关主要控制电器的开合，相当于二次回路中的开合按钮，如本案例中的分闸及合闸。定位型开关则是旋转到设定的位置后保持不动，起到切换导通线路的作用，如后文的手自转换开关。

接触系统节数由 1 ~ 12 组成，根据功能的要求增减。最后的数串为输出形式，为厂家的操作图代号。由图 3-11 可见，型号为 LW12-16D49-6870/5，即额定电流 16A，特征代号为 D 型，即 60°，0°，－60°定位型，节数为 12 节。"49"代表一次转 45°，再可转一次为 90°的操作。6870/5 为输出形式，6870 为操作图代号，其中接触系统节数为 5。

（2）万能转换开关的接线图，见图 3-12，左边是万能转换开关的接线图，右边是触点闭合表。①在零位时 1、2 触点闭合；②往左旋转 45°即－135°，触点 7-8 闭合，为分闸功能；③往右旋转 45°，触点 5-6 触

KK	高压分合闸转换开关					
	LW12-16 D/49.6780.5					
	分后	预合	合	合后	预分	分
	←	↑	↗	↑	←	↓
	-90°	0°	45°	0°	-90°	-135°
1-2			✕			
3-4	✕				✕	
5-6			✕			
7-8						✕
9-10		✕			✕	
11-12	✕					
13-14		✕				
15-16				✕	✕	
17-18				✕		
19-20						✕

图 3-12 LW12 产品触头接线位置示意

点闭合，为合闸功能；④在 −90° 时为预备分闸及合闸后的开关
状态，为3、4触点闭合，其余接线本案例中用不到，不再赘述。

（3）本案例中可见转换开关以下简称 KK，可见图 3-13
（见文前彩插），接触系统节数为5，即五层示意，接线出于
图 3-13 不能表达清楚，则看图 3-14，外引端子号 X3：21 为 KK 接
线端子8，外引端子号 X3：62、X3：63 为 KK 接线端子 1、2，为
零位时；外引端子号 X3：64 为 KK 接线端子 X3：18，上述均为
背面左端。而端子号 X3：18 及 KK：7 为 KK 接线端子 5、6，为
合闸功能；通过跳线 104 连通触点 7、8，至端子号 X3：21 及
KK：5，为分闸功能；而端子号 X3：63、X3：64 为 KK 接线端子
17、18，设于事故音响回路上，为合闸及合闸后的状态，大数字
的端子多为外放，SA 转换开关亦同。上述均为背板右端，是
图 3-13 中不能看到的部分，虽然图 3-13 不能表达全面，但从
可以看到的线号，已经可与图 3-14 一一对应。

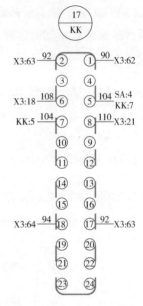

图 3-14 转换开关 KK 接线示意

2. 综保接线

本案例中简称 ZB，相对箱式变电站要复杂得多，正好作为对比，来比较功能上的差别。

（1）固定柜综合保护装置的设置原则，变压器保护主要采用主变主保护装置、主变高
压侧保护监控装置、主变低压侧保护监控装置等三个装置。主要实现：保护功能。

1）过电流保护功能，可以按 1.2 倍额定电流，20 秒动作进行设定，三段复合电压闭锁
过流保护。

2）低电压保护，低电压闭锁在三个线电压中的任意一个低于低电压定值时动作，开放
被闭锁保护元件，通过控制可决定三段电流保护是否经过低电压闭锁，多设置为 20V。

3）负序电压闭锁：由三个线电压计算得到，当负序电压大于负序过电压定值时，开放
被闭锁保护。

4）过负荷保护功能，可作为过流的后备保护，故多按 1 倍额定电流设置，为装置的过
负荷元件，多作用于报警。

5）闭锁调压，三相保护电流大于设定的调压闭锁定值时，常闭触点打开。

6）重合闸加速保护功能，装置具有相电流和零序电流加速元件，能实现充电手合加速
和保护前加速、后加速功能。

7）启动风扇的功能，当三相保护电流大于设定的启动风扇电流定值时，启动风机。

8）PT 短线的检测，检测到电压互感器有断线时，可自动退出电压元器件。

（2）以固定式的 10kV 受电柜为例展开介绍，由前文箱式变电站可知这个小综保分为四
大块，本案例中的大综保则分为 8 大块，如图 3-15 所示，从右端按模数进行划分，分别为：
X1~X3 接线端子，命名为 AC1、AC2，交流插件，为交流信号引入，如电流互感器、电压
互感器等信号；X4 接线端子，本为 COM 端，本案例中备用无命名，不涉及；X5 接线端子，

命名为 CPU，为中控室的服务器信号；X6 接线端子，命名为 LOGIC，为逻辑插件，即逻辑信号，提供现场保护跳合闸、遥控跳合闸、动作输出等功能；X7 接线端子，命名为 TRIP，为保护插件，同为逻辑信号，与 LOGIC 配套使用；X8 接线端子，命名为 POWER，为直流电源插件，并提供开关量信号，提供弹簧未储能等数字信号功能。

CSC-211 背板端子图							
X1/X1	X2/X2	X3/X3	X4/X4	X5/X5	X6/X6	X7/X7	X8/X8
AC1	AC2	AC2	XXX	CPU	LOGIC	TRIP	POWER

图 3-15　CSC-211 综保背板分区示意

（3）基于产品不同，交流侧分为 AC1 段及 AC2 段。综保接线排见图 3-16（见文前彩插）及图 3-17。

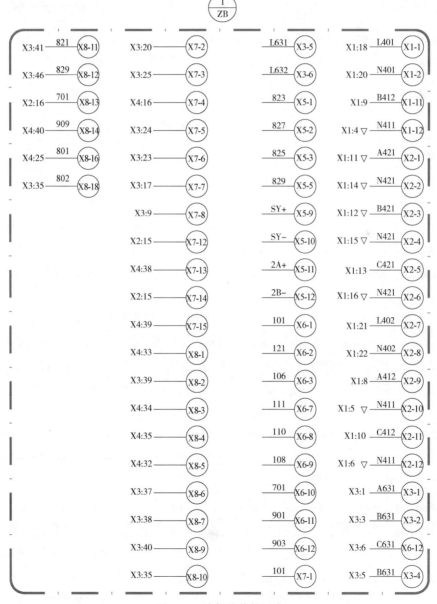

图 3-17　综保接线排示意

1）由图 3-16 可见，综保的 X2-9～X2-12 及 X1-11～X1-12 为电流测量回路接点。图 3-16 中 AC2 上端几个端点，遮挡未能显示。（注：由图 3-17 可知，X2-9 等为综保上端子号，相应的线号表示为 X1：8，本案例用端子号来进行表达，相应线号不再介绍。）

2）综保的 X2-1～X2-6 分别为交流电流保护，与箱式变电站不同，这里装设于 A、B、C 相，设三块电表，图 3-16 中可见为 AC2 接线板上。

3）零序电流保护，与箱式变电站不同，固定式变电站分为高压零序保护与低压零序保护，前文接线有叙述，高压零序电流保护综保上接点为 X1-1、X1-2，取自进线隔离柜上的零序互感器。低压零序保护与箱式变电站相同，电流测量预留端子，另外一端连接综保，本案例中一次图可见零序电流互感器设于变压器的自变压器低压侧，综保上接点为 X2-7、X2-8，图 3-16 中可见其设于 AC2 接线排。

4）电压测量回路，箱式变电站案例并无此要求，图 3-17 中电压信号取自 1YMa、1YMb、1YMc 小母线，在综保上接线为 X3-1、X3-2、X3-3 等点，图 3-16 中可见其设于 AC2 接线排左侧。

5）零序电压回路，箱式变电站案例同样无此要求，图 3-17 中电压信号取自低压侧的 L631 及 L632，为外引信号，柜内电压取自 1YMb 小母线，标号为 B631，测量接线可见图 3-2，在综保上接线为 X3-4、X3-5、X3-6 等点，图 3-16 中可见 X3-5、X3-6 设于 AC2 接线排左侧。

（4）电源及开关量信号 POWER 端，为直流电源插件，并提供开关量信号，见图 3-18。

1）端子排上从左向右，先为直流数字开关信号电源侧，在综保 ZB 上接线为 X8-16、X8-18 等点，二次原理也可见 801 及 802 线号（801 等为母线代号，如本案例中 8 打头的线号，为综保的开关量输入，±BM 母线），为 DC220V，图 3-16 中可见其设于 TRIP 接线排左侧最下端。

2）综保 ZB 上接线为 X8-6、X8-10 等点，二次原理也可见 803 及 802 线号，为真空断路器合闸信号。图 3-16 中可见在最左侧的接线排上有两根 802，可与系统一一对应。

3）综保 ZB 上接线为 X8-7，二次原理也可见 805 线号，为真空断路器合手车的工作位置，默认为真空断路器的常闭触点，案例中为 –BT1，如合闸常闭触点打开，有信号反馈给综保 ZB。

4）综保 ZB 上接线为 X8-2，二次原理也可见 807 线号，为真空断路器弹簧储能机构未储能的信号反馈，默认为真空断路器的常闭触点，案例中为 –BS2，如合闸常闭触点打开，电机未完成储能时，有信号反馈给综保 ZB。

5）综保 ZB 上接线为 X8-9，二次原理也可见 809 线号，为接地刀位置的信号反馈，默认为接地开关的常开触点，案例中为 JD，如接地开关的常开触点闭合，如停电时，最后合接地开关，送电最先断开接地开关，接地刀主要用于在发生误操作时，导通接地线，从而保证线路上检修人员的人身安全。多设于高压的 PT 柜及出线柜等，本案例中为出线柜。

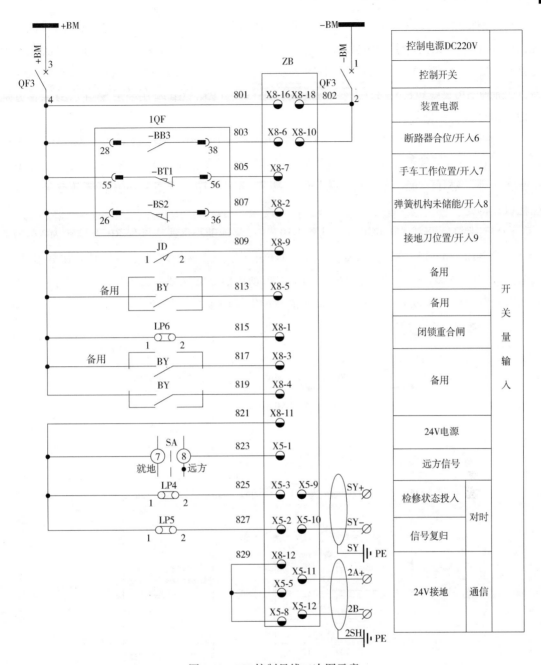

图 3-18　BM 控制母线二次图示意

6）综保 ZB 上接线为 X8-3，X8-4，X8-5，相应二次原理图可见 817，819，813 线号，为备用的信号端，为外接信号引入的备用接口。

7）综保 ZB 上接线为 X8-1，二次原理也可见 815 线号，为闭锁重合闸的信号反馈，与箱式变电站相同，本案例中为连片 LP6，如出现了某些情况，如六氟化硫断路器气压低（如有）或者某些保护动作后，不允许重新合闸，则将重合闸装置停用（闭锁），这时则会需要闭锁，同样是连片拔出，重合闸功能失效。图 3-16 中可见其设于 TRIP 接线排左侧最上端。

8）综保 ZB 上接线为 X8-11，二次原理图可见 821 线号，为综保的 24V 数字信号提供电源，图 3-16 中可见其设于 TRIP 接线排左侧中间。其中综保 ZB 上接线为 X5-1，二次原理图可见 823 线号，设置为 SA 转换开关综保接入点。综保 ZB 上接线为 X5-3、X5-9 及 X5-2、X5-10，在二次原理图可见线号 825、827，本案例中为连片 LP4、LP5，至试验用端子 SY + 、SY − ，分别为检修信号投入及信号复归。

9）综保 ZB 上接线为 X8-12，二次原理图可见线号 829，为综保的 24V 数字信号接地端，图 3-16 中可见其设于 TRIP 接线排左侧中间。并接的还有 X5-5、X5-8，二次原理图可见 823 线号，X5-11、X5-12 至直流信号输出端子 2A + 、2B − ，图 3-16 中的看不到便签的黑色粗绞线即是。

10）综保于小母线 FM 的接线，见图 3-19，FM 为辅助小母线。综保 ZB 上接线为 X6-10 ~ X6-12，X7-12 ~ X7-15，X8-13、X8-14，均为外引信号，二次原理图中可见其共用线号 701，其余线号 901、903、905、907、909 分别为保护动作信号的反馈、告警信号的反馈、控制回路断线报警反馈、事故总信号反馈、直流信号消失反馈等。

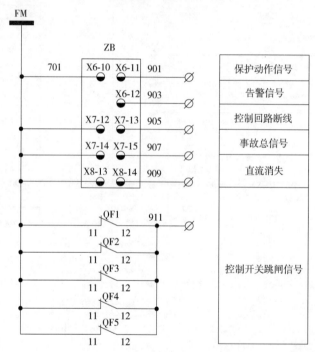

图 3-19　FM 辅助小母线二次图示意

（5）LOGIC 逻辑插件，图 3-16 中为 AC2 左边的接线排，在其旁边的 TRIP 为保护插件，TRIP 英文中即为保护跳闸之意。系统中在断路器的主回路侧，从图 3-16 可见，由于均为逻辑功能，功能性的区分并不是十分清晰和明显，一同进行介绍，见图 3-20。

1）端子排上从左向右，先为二次侧操作电源，在综保 ZB 上接线为 X7-1、X7-8 两点，线号 101 及 102，为综保的电源，同时给 PM 及 GSN 供电。图 3-16 中可见其设于 TRIP 左二接线排。

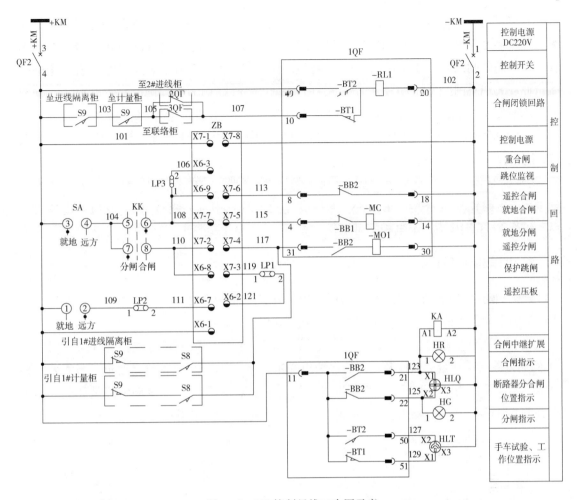

图 3-20　KM 控制母线二次图示意

2）综保 ZB 上接线为 X6-3 点，二次原理也可见 106 线号，为真空断路器重合闸跳位监视信号，利用跳位继电器（综保自带）的启动可以监测断路器的跳闸位置，与其下方的合闸常闭触点连用，当断路器跳闸后，它的合闸回路常闭触点 -BB2 打开，恢复导通状态，这时跳位监控通过 LP3 的 106 线号回路可动作，当然如果需要摘除此功能，将连片 LP3 拨出即可。图 3-16 可见 106 线号在 LOGIC 接线排上。

3）综保 ZB 上接线 X6-9、X7-6 则为综保 ZB 的合闸信号，二次原理也可见 108、113 线号，即为远端信号，由综保内导通发出，合闸回路常闭点 -BB2 默认闭合，可跨过线圈，同理连同 X6-3 点，反复重合闸会通过跳位监视实现跳闸。图 3-16 可见 108、113 线号在 TRIP接线排上。

4）综保 ZB 上接线 X7-5、X7-7 则为综保 ZB 的就地合闸信号，二次原理也可见 108、115 线号，即为就地信号，由综保内导通发出，断路器合闸回路的线圈得电，进行合闸操作，同理也连同 X6-3 点，反复重合闸会通过跳位监视实现跳闸。

5）综保 ZB 上接线 X7-2、X7-4 则为综保 ZB 的就地及远端分闸信号，二次原理也可见

110、117 线号，由于在合闸后，断路器内 – BB2 常开触点会闭合，所以需要进行分闸操作时，回路会处于导通的状态，当需要就地分闸，由综保内导通 110、117 发出信号，断路器合闸回路的分闸线圈 – MO1 得电，进行分闸操作。同理也连同 X6-3 点，反复重合闸会通过跳位监视实现跳闸。

而当为远方控制时，是由连接片 LP1 及 LP2 跨过综保 ZB 进行导通，综保 ZB 上接线 X6-7、X6-2、X7-3、X6-8，二次原理也可见 121、111、119、110 线号，所以如果连接片 LP1 及 LP2 摘除后，可以取消远方遥控分闸的功能。

6）综保 ZB 上接线 X6-1 为电磁锁 DSN 的综保侧信号，ZB 端子排 X4：1 可见，二次原理中为与电磁锁联锁 DSN1，在 DSN1 的接线（图 3-27）中可见线号 101，相应继电器得电后，综保 X6-1 端接通，受电柜方可操作。

3. 电压部分的计量

即多功能计量表，在本案例中简称为 PM，在计量柜中会更加丰富一些，后文有述，其中电流测量和保护前文已经介绍，这里仅述电压计量。

（1）高压计量原理，如图 3-21 所示，可以采用两只 PT 的测量方式，也可以采用三只 PT 的测量方式，计量、监控及基本的保护用两相（A、C）的 PT 即能满足要求，当需要三相电源，尤其是检测零序电压时，需要设置三相（A、B、C）的 PT，本案例中即是如此，而用户有谐波源设备污染电网的应安装消谐（治理）装置，本案例亦同。

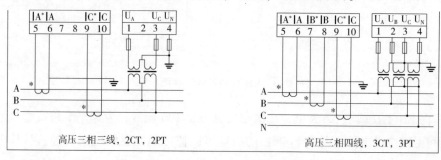

高压三相三线，2CT，2PT　　　　　　高压三相四线，3CT，3PT

图 3-21　高压电压计量原理示意

（2）电压测量部分，图 3-22 中可见多功能网络电力仪表的电压接线端在下左侧，为 V1、V2、V3、VN、线号分别为 X3：1、X3：3、X3：6、X3：5，对应设备侧系统为左端上部接线为 PM21、PM22、PM23、PM24，同样对应图 3-23 中左边的 PM21、PM22、PM23、PM24，为下侧出线端子，X3 端子排上 X3：1、X3：3、X3：6、X3：5，为上侧出线端子，可以看到的 X3：1、X3：3、X3：6、X3：5 出线分别为 PM21、PM22、PM23、PM24，照片中上排端子尚未打标签。

图 3-22　多功能网络电力
仪表接线照片

图 3-23　X3 电压端子排照片

（3）多功能网络电力仪表数字输出，图 3-22 中为多功能网络电力仪表的上端左侧，为 A、B、GND 三端子，系统（图 3-24）中为右侧的 9、10、8 接线号，作用分别为 RS485 接口及信号接地，X4 端子板中左侧线号为 PM8、PM9、PM10，端子号为 X4：62、X4：63、X4：64，右端线号为 1A＋、1B－、1SH，图 3-22 中可见对应。

（4）多功能网络电力仪表输入电源则在右上角，交流接地的 PE 花线在最右侧，端子排号为 X4：2 及 X3：9，X4：73，对照系统可知与综保并联，均由 KM 母线提供电源，线号为 101 及 102 及 PE 线，系统中设备上为 1、2、3 接线号。图 3-22 中可见 PE 的花线。PM 接线图 3-24 与之一一对应。

4. 带电显示器

本案例中简称为 GSN。

（1）工作原理。高压带电显示装置适用于户内额定电压为 6kV、12kV、20kV、27.5kV、35kV，频率为 50Hz 的开关设备上，用以反映显示装置设置处高压回路带电状况。显示装置中支柱绝缘子传感器可以与各类型高压开关柜、隔离开关、接地开关等配套。显示装置不但可以提示回路带电状况，而且还可与电磁锁配合，实现强制闭锁开关柜操作手柄及网门。达到防止带电关、

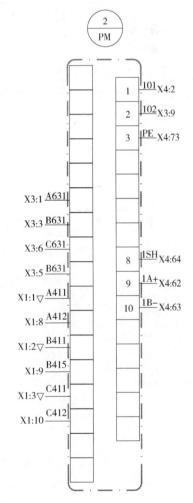

图 3-24　高压多功能网络电力仪表接线示意

合接地开关，防止误入带电间隔的目的，提高开关设备防误性能。

三个传感器为一组，分别安装于三相电的母线上，对线路的电流进行实时监测；当监测到线路发生异常变化，且满足时间条件时，故障指示器将判断线路出现故障，并立即进行翻牌及闪光指示。

（2）由图3-25、图3-26、图3-27所示，端子号X3：65、X3：66、X3：67的左端接线GSN：a、GSN：b、GSN：c，右端接线为其传感器端子，为SEN：a、SEN：b、SEN：c，直接接于母线，对应图3-28中可见X3：65、X3：66、X3：67及PE花线，图3-25中另外一端接线未见，如K1端子，线号03，但可与系统对应，为去电磁锁DSN1的线路。

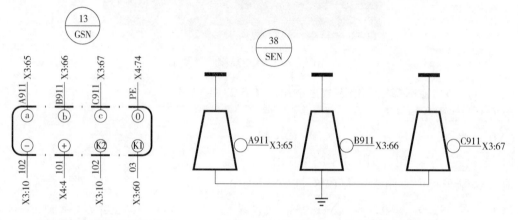

图3-25 高压带电显示装置接线示意　　　　图3-26 高压带电显示装置传感器端子接线示意

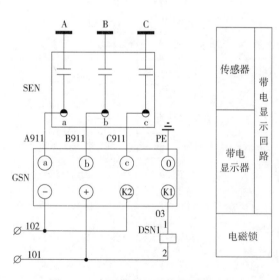

图3-27 高压带电显示装置原理示意

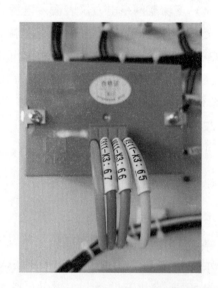

图3-28 高压带电显示装置背板接线照片

5. 手车位置指示灯 HLT 及断路器分合位置指示灯 HLQ

（1）以断路器分合位置指示灯 HLQ 为例，其余各种指示灯类同。绿灯：指示开关在分闸位置，监视合闸回路是否完好，在分闸状态下灯灭表示合闸回路断路，将无法完成合闸。红灯：表示开关在合闸位置，监视跳闸回路是否完好，在合闸状态下灯灭表示跳闸回路断路，将无法正常跳闸。

（2）本案例中，手车位置指示灯简称为 HLT，见图 3-29 及图 3-30，于系统图上，在 X3 端子排，图 3-29 和图 3-30 均可见接线 X3：31、X3：32、X3：8，其中 X3：31、X3：32 于图 3-10 上 X3 端子排右侧，左侧对应端子排 1QF：50、1QF：51，可见由断路器采集信号，证明手车是否入位，再去信号灯，其中 X3：8 于图 3-10 上 X3 端子排左侧，右侧对应端子排 KA2：A2。

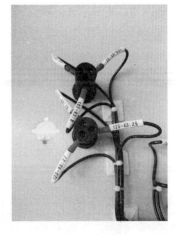

图 3-29　手车位置指示灯 HLT 及断路器分合位置指示灯 HLQ 接线照片

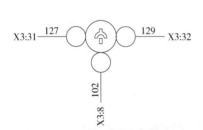
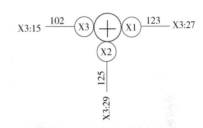

图 3-30　手车位置指示灯 HLT 及断路器分合位置指示灯 HLQ 接线示意

6. 温湿度控制器工作原理

本案例中温湿度控制器采用 WSK 简称。

（1）原理。温湿度控制器主要由传感器、控制器、加热器（或风扇等）三部分组成，传感器检测箱内温湿度信息，并传递到控制器由控制器分析处理：当箱内的温度、湿度达到或超过预先设定的值时，控制器中的继电器触点闭合，风扇接通电源开始工作，对箱内进行鼓风等；一段时间后，箱内温度或湿度降低，远离设定值，控制器中的继电器触点断开，加热或鼓风停止。除基本功能外，不同型号还带有断线报警输出、变送输出、通信、强制加热鼓风等功能。

（2）接线。由图 3-31、图 3-32 及图 3-33 所示，接线较为分散，电源线在设备上为 6、7 点，取自开关 QF5，线号为 851 及 862。在 X2 端子板系统（图 3-9）上，左侧 WSK：6，右侧为 EL1：2，端子号为 12，通过连接片给 EL2：2 供电。端子号为 11，EL2 的另外一端通过连接片与 SF 连接，SF 与 EL1：1 通过线号 861 连接。在 X3 端子板系统（图 3-10）上，左侧 WSK：8、WSK：9，WSK：1、WSK：2，右侧为 JR1：1、JR1：2、JR2：1、JR2：2，端子号为 49～52，功能为温湿度控制器输出到加热器，本案例中无湿度要求，故不作接线，但有两组温度信号线，故线号 853、857 及 855、859 均压接在同一个端子上。图 3-31 与图 3-33——对应，图 3-32 中的 1～3 接线端连接温度传感器，即温度计。

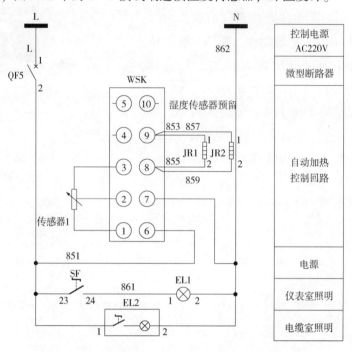

图 3-31 温湿度控制器及柜体照明接线示意

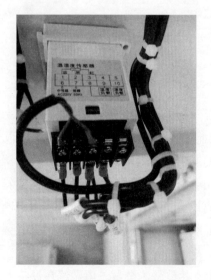

图 3-32 温湿度控制器接线
照片 1

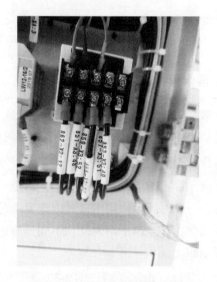

图 3-33 温湿度控制器接线
照片 2

7. 二次控制母线

（1）原理。与箱式变压器不同，固定式变配电室多采用直流屏供电，直流屏的主要作用就是为高压开关的合闸机构提供电源，比如电磁式的合闸机构需要的直流电流就很大，而弹簧储能式合闸机构需要的直流电流就不是很大，只要电压能保证储能电机的正常工作就可以。另外还可以为高压开关柜顶部的直流小母线提供信号、控制、报警等这些回路的直流电源，以及为一些继电保护和自动装置提供直流电源，所以直流屏最主要的供电单元还是用于电动合闸。

（2）分配。图 3-34 为直流母线的分配示意，各盘厂叫法不同，图 3-5 中，显示了母线入柜的做法。本次以 KM、HM、BM 命名，KM、HM、BM 直流进线设于进线柜，在母线分段柜，母线联络柜等处也会设有直流电源的母联开关，图 3-34 中交流电源进线设于计量柜，这个同样可以根据设计的需要进行调整。

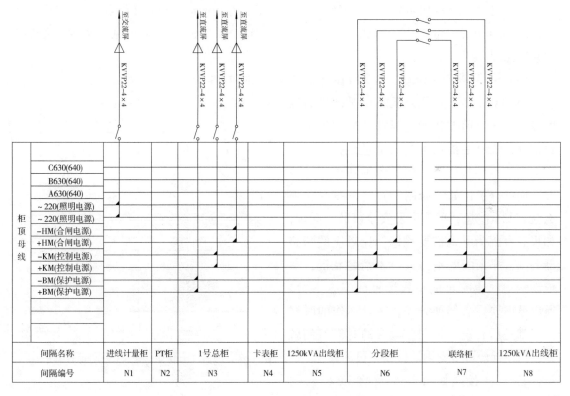

图 3-34　高压直流柜母线示意

3.4　10kV 受电柜真空断路器 QF

高压分合闸常见有两种启停思路，其中一种是设置分闸及合闸按钮进行操作，另外一种是采用万能转换开关，通过分闸和合闸的档位转换进行切换，在本案例中采用第二种形式，如图 3-20 所示。

1. 二次回路分合闸原理

（1）合闸前的准备工作。关闭全部后门及后盖板，检查各电控锁，如手车接地处于合位时方可关上下门，以保证送电人员的安全。推下小车使其定位，把手车推入柜内使其在隔离位置定位，手动推上二次插板，关上手车室门。引自 1#隔离柜及 1#计量柜的两组外放信号的作用：S8 实验位常开点保持打开 S9 运行位常闭触点保持闭合，可与第一章中 CXS 功能对比理解，无论隔离柜或是计量柜的运行退出，S8 均会瞬间吸合，跨过 KK 接通分闸闭锁，完成直停功能。将断路器手车摇柄插入摇柄插口，顺时针转动手柄，当摇柄明显受到阻力，并伴有入位声时取下摇柄，此时手车处于工作位置，二次插板这时被锁定，断路器手车主回路接通，即系统中 1QF 插入式符号（← →）。

当隔离柜、计量柜的试验位常开触点 S8 闭合后，互锁的运行位常闭触点 S9 会打开，这时由图 3-20 可见，可跨过综保 ZB 进行遥控分闸操作。S8 及 S9 的联锁可见后文高压进线柜的系统原理介绍。

（2）SA 转换开关位置，需要打在就地状态，如图 3-35 所示。

1）SA 转换开关是为了防止误操作而做的设计，分为远方和就地两档，远方是指后台控制，就地是指在本柜面上进线操作。在配电室的本柜检修时，如后台不知道现场情况，而进行了比如"合闸"这样的操作，那么就有安全隐患，可能引发安全事故。同理，如果后台因为某地需要检修，让对应的断路器分闸，那么配电室内人员不清楚状况，造成误送电，也有可能造成严重的安全事故。所以就需要设置转换开关。平常运作的时候一般都是后台统一控制，检修的时候打到就地，可以保障配电室内的检修人员的安全。

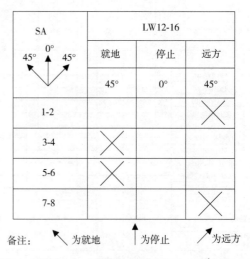

图 3-35　就地远方转换开关 SA 触头接线表示意

2）二次接线如图 3-36 及图 3-37 所示，X4 外设端子排（图 3-38）SA 接线，系统图 3-38 中 SA：3 设于左侧端子排，ZB：X7-1 设于右侧端子排，通过 X4 上 3 号端子连接，综保供电。系统中 SA：1 设于左侧端子排，DSN2：1 设于右侧端子排，通过 X4 上 6 号端子连接，给带电显示器 GSN 供电。X3 外设端子排见图 3-10，系统中 SA：8 设于右侧端子排，ZB：X5-1 设于左侧端子排，通过 X3 上 43 号端子连接。系统中 SA：7 设于右侧端子排，LP5：1 设于左侧端子排，通过 X3 上 42 号端子连接，同时通过连接片一并连通 LP4：1、ZB：X8-11。

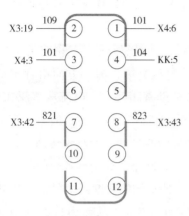

図 3-36　就地远方转换开关 SA 接线示意

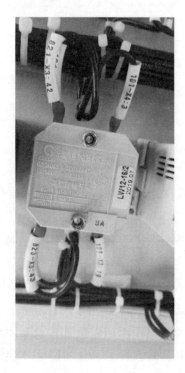

图 3-37　就地远方转换开关 SA 接线照片

X4	外放端子排			
DSN1:2		1	101	ZB:X6-1
PM:1		2		预留
SA:3		3		ZB:X7-1
GSN:+		4		QF2:4
1QF:11		5		1QF:49
SA:1		6		DSN2:1
JD:5		7		S9引自1号计量柜
JD:7		8		S9引自1号进线隔离柜
		9		S9至进线隔离柜
		10	103	S9至计量柜
		11		S9至进线隔离柜
		12	105	2QF至2号进线柜
3QF至联络柜		13		S9至计量柜
1QF:10		14	107	2QF至2号进线柜
		15		3QF至联络柜
ZB:X7-4		16	117	S8引自1号计量柜
1QF:31		17		S8引自1号进线隔离柜
1QF:10		18	141	预留
1QF:7		19	205	
1QF:17		20	207	
1QF:6		21	305	
1QF:16		22	307	
1QF:23		23	2	
1QF:33		24	15	
ZB:X8-16		25	801	BY备用
QF3:4		26		BY备用
1QF:26		27		LP6:1
1QF:28		28		
1QF:55		29		
JD:1		30		
1QF:38		31	803	
ZB:X8-5		32	813	BY备用
ZB:X8-1		33	815	LP6:2
ZB:X8-3		34	817	BY备用
ZB:X8-4		35	819	BY备用
ZB:X6-11		36	901	
ZB:X6-12		37	903	
ZB:X7-13		38	905	
ZB:X7-15		39	907	
ZB:X8-14		40	909	
QF2:12		41	911	QF3:12
QF1:12		42		QF5:12
QF4:12		43		
1QF:29		44	BY09	
1QF:39		45	BY11	
1QF:5		46	BY13	
1QF:15		47	BY15	
1QF:9		48	BY17	
1QF:19		49	BY19	
1QF:52		50	BY29	
1QF:54		51	BY31	
1QF:53		52	BY33	
1QF:57		53	BY35	
1QF:58		54	BY37	
KA:13		55	BY39	
KA:14		56	BY41	
KA:51		57	BY43	
KA:52		58	BY45	
ZB:X3-5		59	L631	
ZB:X3-6		60	L632	
		61		
PM:9		62	1A+	
PM:10		63	1B-	
PM:8		64	1SH	
		65		
ZB:X5-11		66	2A+	
ZB:X5-12		67	2B-	
		68	2SH	
ZB:X5-9		69	SY+	
ZB:X5-10		70	SY-	
		71	SY	
		72		
PM:3		73	PE	PE
GSN:0		74		1QF:1
1QF:40		75		PE
		76		
		77		
		78		

图 3-38　X4 外放端子排示意

3）SA 当需要进行电源转换时，在真空断路器上有一个红色的按钮上面写有"断"或"O"，先通过按钮（自动）切断开关，之后转动 SA，正向 45° 为远方操作，接线表（图3-35）中为 SA：7～SA：8、SA：1～SA：2 上的 × 示意，图3-37 中可见 X3：42，X3：43 为 SA：7～SA：8 节点接线，为对远方外放信号。图3-37 中 X3：19，X4：3 为 SA：1～SA：2 节点，为远方操作信号。当 SA 负向 45° 为就地操作信号，接线表（图3-35）中为 SA：3～SA：4 的 × 示意，图3-37 中不可见的另外两根线为就地操作信号，就地操作无需外放回馈，所以 SA：5～SA：6 无接线。

（3）电机储能见图3-39，合闸前，需要先完成储能，电模块输入三相交流电转换为 220V 或 110V 的直流，经隔离二极管隔离后，一方面给电机充电，另一方面给合闸负载供电。旋转真空断路器上的 SF1 旋钮，–BS1 为储能电机辅助常闭接点，电流从直流 220V 或 110V 控制小母线 +HM 流经闭合的 –BS1，再经二极管开始进入合闸回路，最后流进 –HM，储能回路就此得电，导通电路，储能电机转动，在传动齿轮的带动下使凸轮转动，合闸弹簧被逐渐拉长，当弹簧过中后，凸轮由定位件保持不再转动，断路器处于准备合闸状态；同时凸轮与传动轴脱离，–BS1 储能电机辅助常闭接点打开，使机构停止断路器储能，电机一旦储能，并联的 –BS2 的常开触点闭合，黄色储能指示灯 HY 点亮，从而为打通合闸回路做准备。

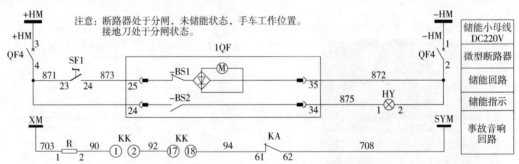

图3-39 HM 储能母线及 XM、SYM 信号母线二次图示意

（4）合闸闭锁回路。–BT2 和 –BT1 为真空断路器位置开关即 S8、S9；只因受电柜中已有联锁的 S8、S9，故本柜中改名为 –BT2 及 –BT1，予以区分。图3-20 中表示为工作室的常态位置，–BT2 为常开触点，–BT1 为常闭触点。当断路器小车不推入工作室内时，可在高压柜上手动分合闸，即为试验状态，此时 –BT2 常开触点闭合，–BT1 常闭触点打开，此时可见 –BT1 合闸闭锁回路断开，–BT2 操作柱合闸回路打通，可进行试验用分合闸操作。

闭锁电磁铁起到与外部回路配合防止误合断路器的作用，当然也可以用在隔离、负荷开关上。在断路器合闸回路中串接了闭锁的常开辅助点 –BT2（手车试验位置）及常闭辅助点 –BT1（手车工作位置），只有闭锁线圈（–RL1）得电，磁铁得电，合闸回路才会通，闭锁电磁铁的顶杆安装在合闸轴旁，未吸起时，顶杆将锁住合闸机构，使断路器不能手动合闸。所以说闭锁未得电时，既能防止电动也能防止手动合闸，闭锁回路先得电也就是合闸的前置条件。

当二次原理图（图3-20）中控制母线KM的电源QF2接通后，如仅在-BT1（手车试验位置），由于为常闭点，合闸闭锁回路-RL1线圈可得电，此时可跨过合闸按钮进行试验性操作，但在-BT2（手车工作位置）时，由于为常开触点，只有得电的合闸按钮才能按下，联锁的常开触点闭合才可通电。主要防止人员误碰合闸回路造成事故或小车不到位合闸造成事故，其闭锁回路还可以与隔离开关、负荷开关等组成电气联锁。

（5）合闸。操作仪表板上合、分闸万能转换开关至合闸端子KK：5～KK：6位置，使断路器合闸送电，在高压断路器中，合闸是利用给合闸线圈通电后的电磁作用，把电能转化为机械能。合闸时，断路器收到机构电动合闸信号，合闸线圈-MC（高压侧线圈示意即为动触头）得电，合闸弹簧能量释放，使主回路的接触器的动触头动作，机构输出轴转动，通过拐臂，连杠带动灭弧室动触头向上运动，与静触头接触，并提供接触压力，通过机构的合闸保持环节，扣接，使断路器保持合闸状态。

完成合闸后，因为合闸线圈-MC长时间得电会被烧毁，所以串联的辅助常闭点触点-BB1打开，合闸线圈-MC失电，线圈失电后，在刚才储能弹簧的反向作用下，铁芯的杆恢复原位。

由于此时储能回路SF1仍然为按下或接通的状态，弹簧能量释放后，-BS1常闭点恢复闭合，-BS2常开触点恢复打开状态（此处均为机械联锁），储能指示灯HY熄灭，重新开始储能的上一次流程，为分闸操作的弹簧进行储能。

仪表板上合闸指示回路的常开触点-BB2闭合，合闸红色指示灯HR点亮；同理仪表板上分闸指示回路的常闭点-BB1打开，分闸绿色指示灯HG熄灭；分闸回路的-BB2常开触点闭合，为分闸做准备，同时需要注意-BB1常闭点与-BB2常开触点互锁，保证不能同时进行综保的合闸与分闸操作。分闸万能转换开关打到远方，同样由远控信号把高压柜合闸回路打通。

（6）分闸。操作仪表板万能转换开关，使其处于分闸位置，系统中KK：7～KK：8位置，给机构电动分闸信号，由于分闸回路的-BB2常开触点处于闭合状态，分闸线圈-M01得电，分闸弹簧能量反向释放，使分闸线圈的动触头动作，二次图中并没有表示，机构输出轴反向转动，通过连杠，拐臂带动灭弧室触头向下运动，动静触头分开，断路器分闸。

完成分闸后，同样分闸线圈-M01长时间得电也会被烧毁，各常开触点及常闭触点复位，所以分闸回路串联的辅助常开触点-BB2复位打开，分闸线圈-M01失电，线圈失电后，在储能弹簧的反向作用下，铁芯的杆恢复原位。

仪表板上合闸指示回路的常开触点-BB2打开，合闸红色指示灯HR熄灭；同理仪表板上分闸指示回路的常闭点-BB1闭合，分闸绿色指示灯HG点亮；跳位监视的DL常闭触点-BB2闭合，为合闸做准备返回ZB断路器的状态。

（7）分闸后，将断路器手车摇柄插入摇柄插口，逆时针转动手柄，约20圈，摇柄明显受阻并伴有"咔嗒"声时取下摇柄，此时手车处于试验位置，二次插锁定解除，打开手车室门，手动脱离二次插（手车主回路断开），完成整合分合闸的操作。

2. 断路器的外放端子

前文有过介绍不再赘述，1QF 本案例中指开关手车，1QF 手车的常开触点及常闭触点分为指示和闭锁用。

（1）从二次系统可见，外接信号高压受电柜上转换开关有三组位置，一个是远控，即SA7 ~ SA8。

（2）要完成合闸则需要有三组"与"的信号，一组至进线隔离柜，一组至计量柜，一组至联络柜，如图 3-40 所示，三组全部导通，则 –BB3 常闭触点均保持闭合，返回信号，–BB3 常开触点闭合，代表开关入位，保证分合闸前的开关位置无误；相反，任何一组信号报警，均不可进行分合闸操作。

（3）1QF 手车试验位置指示接引 –BT2 常开触点，默认常开，手车工作位接引 –BT1 常闭触点，默认位置为常闭，与二次原理图中一致，只是这里仅外放信号，二次原理图为相应动作，–BT2 常开触点设有两处，与系统对应，除了开关上的动作，另外一点为 HLT 手车位置指示灯；当 QF 手车入工作位后，–BT2 常开触点闭合，–BT1 常闭触点打开，手车入工作位。

（4）PE 为手车柜的接地装置，为接触式接地，上下端均设，保证接地的可靠。

（5）适当预留 1QF 手车试验位置指示的备用外引端子，可实现外放信号的远端传输，图 3-40 中断路器的合位及分位辅助用继电器 KA，依据实际使用情况而定。在图 3-20 中可见扩展继电器 KA 取电的位置，并于合闸指示即可。

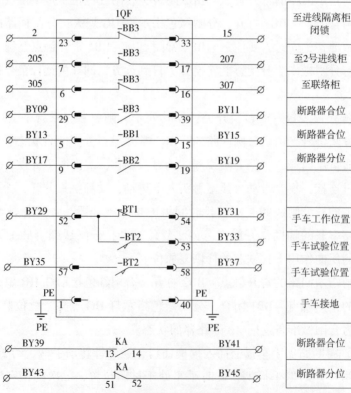

图 3-40　高压受电柜外放端子排接线示意

3. 连片功能

在箱式变电站中已有介绍，功能类似，在固定柜中，见图 3-20，LP1、LP2、LP3 为遥合、遥跳，LP4、LP5 则是检修信号投入及信号复归，见图 3-16 在中控室工程师站操作台上控制合分闸，当不需要该功能时摘除连片。

4. 防跳功能

本案例中并未有设置，故选取另外一案例予以简述，见图 3-41。

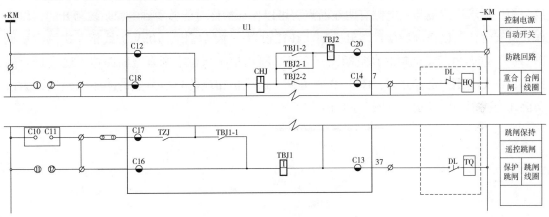

图 3-41　防跳功能原理图示意

（1）设置原因。当合闸回路出现故障时进行分闸，或短路事故未排除，又进行合闸（误操作），这时就会出现断路器反复合分闸，容易扩大事故面，也可能还会引起设备损坏或人身安全事故，所以高压开关控制回路设计防跳来应对。

（2）设置特点。保证断路器在分闸过程中不能马上再合闸，防跳继电器的电流回路还可以通过其常开接点将电流线圈自保持，这样可以减轻保护继电器的出口接点断开负荷，也减少了保护继电器的保持时间要求。

（3）二次原理。防跳一般选用电流启动 TBJ1 及电压保持 TBJ2 的双线圈继电器。电流防跳 TBJ1 线圈串联于分闸回路，电压保持回路 TBJ2 线圈并联于合闸回路。若合闸后此时柜内有短路故障，微机保护器保护跳闸，同时短路电流瞬间使电流继电器 TBJ1 得电，由于短路电流是瞬间的，此回路无法自保持，跳闸保持的 TBJ1-1 常开触点闭合，实现遥控跳闸。同时 TBJ1-2 常开触点闭合，电压继电器 TBJ2 得电，TBJ2-2 常闭触点打开，断开合闸回路，防跳回路里的 TBJ2-1 常开触点闭合，完成自锁，接通防跳回路。此时实现高压柜防跳，将故障处理完毕后高压柜才能再次合闸。

3.5 10kV 进线柜二次原理

1. 两种主要功能

（1）功能一，分断、闭合电网与用户之间的电路，用来保护用户供电线路和用电设备，在线路或设备发生大事故、本地保护失效时，可及时把事故设备或线路脱离电网电源。设隔离空柜，要求用户侧与供电侧有明显断点，可以保证检修时能够看到电源是被断开的，以确保人身安全，所以在高压柜进线开关前，往往设置一个隔离柜，10kV 进线柜一次侧示意见图 3-42。同时可与受电柜的真空断路器互锁，隔离柜不入位，则真空断路器无法进行合闸操作，在受电柜中已经介绍，图 3-20 中可见，进线柜相应的外引节点的闭锁电磁铁即为该功能在进线柜中的表示，见图 3-43 中的 YO。

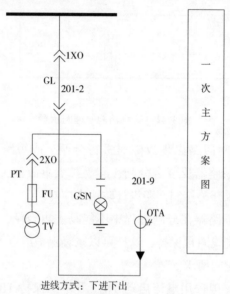

图 3-42 10kV 进线柜一次图示意

（2）功能二，电源上返之用，当采用电缆进户时，多为埋地引入，无论是受电柜还是计量柜，均无电缆室，故无法直接将电缆引至顶部母线，则需要加一个接电缆进线的柜体，即高压进线隔离柜。电缆进线到进线隔离柜后，母线到了柜子上部，经过计量柜从上部再到下部，下部到进线（断路器）柜的下进线，最后到上部的出线母线。

2. 柜内常用一次电器元件

（1）包括：继电保护功能和手车位置指示灯 HLT，电压互感器柜 PT，零序电流互感器 OTA，隔离开关抽屉柜 GL，高压带电显示器 GSN，湿度控制器 WSP，等等。

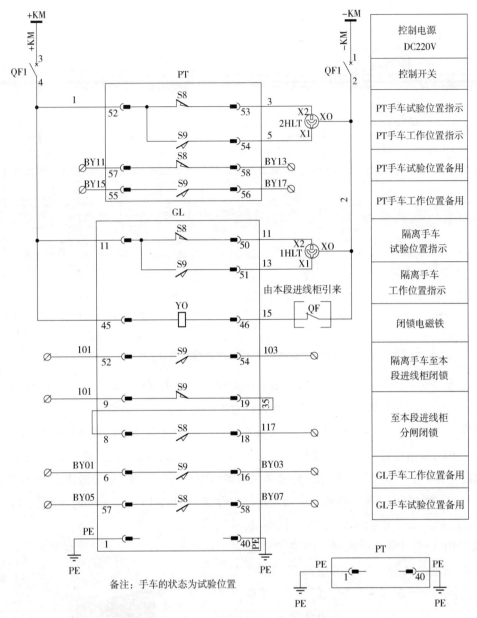

图 3-43　10kV 进线柜二次原理示意

（2）电源情况，取自受电柜外引小母线 ±KM，DC220V。

3. PT 柜常识

PT 柜二次原理示意见图 3-44。

（1）构造。PT 柜又称电压互感器柜。里面一般设置有电压互感器、熔断器 1RD ~ 3RD、避雷器（本案例中无）等主要电器原件。熔断器 1RD ~ 3RD 为电压互感器提供保护，避雷器保护操作人员安全。

（2）电压互感器的选择。电压互感器是将高压按比例转换成低压的装置，城市电网多

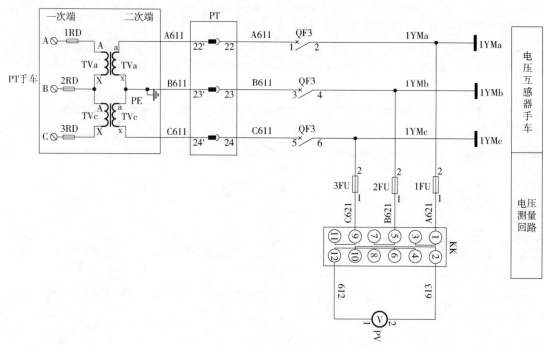

图3-44 PT柜二次原理示意

采用小电流接地系统，故电压互感器一般采用两相式，如本案例，即只装 A、C 两相，测量三相电压只需要两只互感器，利用的原理是任意时刻电压的瞬态值满足：$U_{ac} = U_{ab} - U_{cb}$。因此，只需要用两个互感器将 U_{ab} 和 U_{cb} 进行转换即可，故电压表切换设置转换开关。

（3）PT 柜内有测量 PT 和计量 PT，或有地区要求分开测量 PT 和计量 PT，但由于不属于供电部门专设，故若没有特殊要求，也可采用本案例中共用电压表 PV 的做法，经过转换开关 KK 进行切换测量相序，前文有述。同时至顶部小母线 1YMa、1YMb、1YMc，可用于向其他高压柜提供电源，也可为本柜其他设备提供电源，如本案例。

（4）PT 柜与计量柜的区别。PT 电压互感器柜通常用于装设接于母线上的电压互感器，此电压互感器可用于测量和保护，但与 GL 柜的设置原因一样，供电部门为了准确计量并能对用户进行计量管理，则多在进线端设专用的计量柜，柜内会配置更加全面的电压互感器、电流互感器及计量仪表，计量柜的管理权限归供电单位，业主无权进行维护、数据采集等工作，故 PT 柜即便拥有此功能，也无意义，所以大多只显示电压的状态。

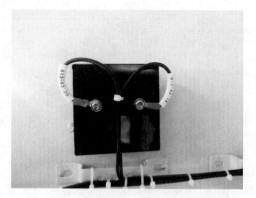

图3-45 电压表 PV 接线照片

（5）电压表 PV 的系统接线为线号 612、613，图3-45 中同样可见 612、613，与图3-44 一一对应，核实进线侧是否有电。

4. 进线柜主接线二次原理图（图 3-43）

（1）PT 柜的常开触点及常闭触点。PT 手车试验位置指示接引 S8 常闭触点，默认位置为常闭，X2 与 X0 接通时 2HLT 为绿色指示，代表试验状态合位；PT 手车工作位置指示接引 S9 常开触点，当 PT 柜入工作位后，S9 常开触点闭合，当 X1 与 X0 接通时，2HLT 为红色指示，代表工作位。PT 柜会适当预留 PT 手车试验位置指示及 PT 手车工作位置指示的备用外引端子，可实现外放信号的远端传输，图 3-43 中为 BY11、BY13、BY15、BY17 等端子号。

（2）GL 手车的常开触点及常闭触点。隔离手车试验位置指示接引 S8 常闭触点，默认位置为常闭，X2 与 X0 接通时 1HLT 为绿色指示，代表试验状态合位；隔离手车工作位置指示接引 S9 常开触点，当隔离柜入工作位后，S9 常开触点闭合，当 X1 与 X0 接通时，1HLT 为红色指示，代表工作位。

YO 为 S8 及 S9 互锁的继电器，外放信号 QF 常闭触点由高压受电柜引来，受电柜断路器 QF 处于合闸状态时，常闭触点打开，则互锁继电器（电磁铁）YO 不能得电，隔离柜无法入工作位。当受电柜断路器 QF 处于分闸状态时，常闭触点闭合，互锁继电器（电磁铁）YO 可得电，隔离柜可入工作位。

线号 101、103 的常开触点 S9 为本隔离手车与本段进线闭锁之用，进线断路器合闸，S9 常开触点闭合，下分闸联锁的 S9 常闭触点打开，以保证 S8 的常开触点无论处于什么状态，均不能投入。

GL 柜会适当预留 GL 手车试验位置指示及 GL 手车工作位置指示的备用外引端子，可实现外放信号的远端传输，图 3-43 中为 BY01、BY03、BY05、BY07 等端子号（BY 即备用之意）。

3.6 10kV 计量柜二次原理

1. 设置原则

供电部门为了准确计量并能对用户进行计量管理，故计量柜必须独立安装，柜内不准安装、引接与计量无关的设备；计量柜必须封闭，可防窃电；柜内互感器、电能表的安装位置必须方便以后更换、现场检验等维护工作，并符合安全要求等，其余见 PT 柜中的对比介绍。

2. 柜内常用一次电器元件

（1）见图 3-46，包括手车位置指示灯 HLT、电压互感器柜 TV、计量接线盒 JXH、计量手车 JL、高压带电显示器 GSN、湿度控制器 WSP 等。图 3-47 中，柜面上方镂空部分就是供电部门后设的计量表空位。一次图未见部分见二次图。

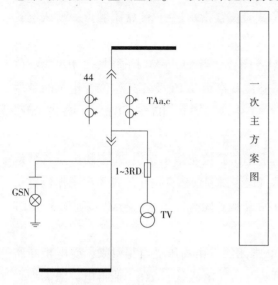

图 3-46　10kV 计量柜一次图示意

图 3-47　10kV 计量柜柜面照片

（2）电源情况，取自受电柜外引小母线 ±KM，DC220V。

3. 计量手车

JL 本案例中指计量手车，JL 计量手车的常开触点及常闭触点分别为指示和闭锁用，见图 3-48。

（1）JL 计量手车试验位置指示接引 S8 常闭触点，默认位置为常闭，X2 与 X0 接通时 1HLT 为绿色指示，代表试验状态合位；JL 计量手车工作位置指示接引 S9 常开触点，当 JL 计量手车入工作位后，S9 常开触点闭合，当 X1 与 X0 接通时，1HLT 为红色指示，代表工作位。

（2）YO 为 S8 及 S9 互锁的继电器，外放信号 QF 常闭触点由高压受电柜引来，受电柜断路器 QF 处于合闸状态时，常闭触点打开，则互锁继电器（电磁铁）YO 不能得电，JL 计量手车无法入工作位。当受电柜断路器 QF 处于分闸状态时，常闭触点闭合，互锁继电器（电磁铁）YO 可得电，JL 计量手车可入工作位。

（3）线号 101、103 的常开触点 S9 为本隔离手车与本段进线闭锁之用，进线断路器合闸，S9 常开触点闭合，下分闸联锁的 S9 常闭触点打开，以保证 S8 的常开触点无论处于什么状态，均不能投入。

（4）适当预留 JL 计量手车试验位置指示及 JL 计量手车工作位置指示的备用外引端子，可实现外放信号的远端传输，图 3-48 中为 BY01、BY03、BY05、BY07 等端子号。

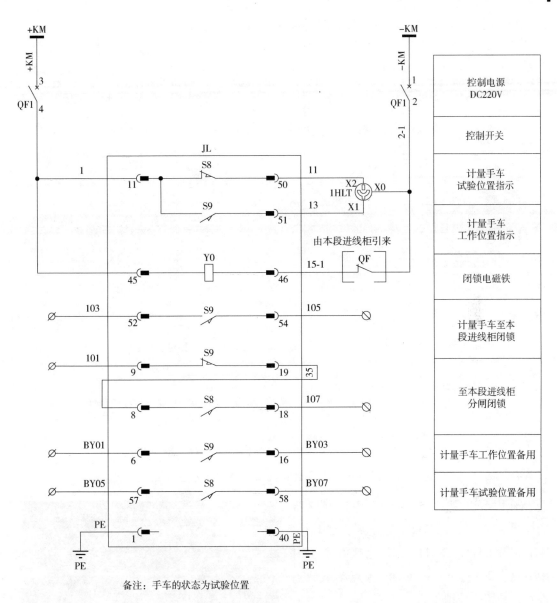

备注：手车的状态为试验位置

图 3-48　10kV 计量柜二次原理示意

4. 计量接线盒 JXH

本案例中选用 DFY-FJ6-PJ2 型（海燕接线盒），见图 3-49 及图 3-50，电压回路采用一进三出，图 3-50 中可见下方进线端子一排，上方出线端子三排，各相电压、电流具有相序标志，接线盒的盖板用两只可封印的螺丝固定，有利于防窃电，工作接线盒可以外接一只三相有功电度表及一只三相无功电度表。

（1）接线盒 JXH 进线侧。系统与接线的对应关系为：图 3-50 的下侧是系统中的"上"。进线侧与 PT 柜相同，电压互感器一般采用两相式，测量三相电压采用两只互感器，分别跨接 A～B、C～B、A～C 两相，VV 型接线，图 3-49 中分别为 A631、B631、C631，计量接线

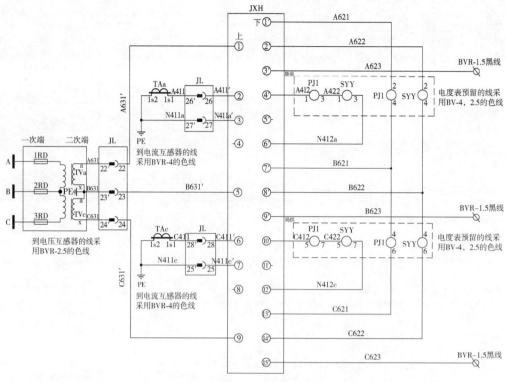

注：1. 计量回路中电流线用BVR-4，黄、红、蓝铜芯线，电压回路用BVR2.5黄、绿、红三色铜芯线。
2. 其余采用BVR-1.5铜芯线制作。
3. JXH(DFY-FJ6-PJ2)上的接线端子直接接到多功能表上，不经过端子排。
4. SYY：电量远程采集装置，供电局安装。
5. 虚框内PJ为预留位置，供电局安装，到电度表的铜芯线采用BV-4，2.5的色线。

图 3-49   计量接线盒 JXH 二次原理示意

盒 JXH 中节点为 1、5、9 点。电流互感器
同样采用两组，图 3-49 中分别为 A411′、
N411a′及 C411′、N411c′，计量接线盒 JXH
中节点为 2~3、6~7 点。4、8 点本案例不
涉及，预留空位即可。

（2）接线盒 JXH 出线侧。系统中电压
对应进线侧的节点 1，出线侧为 1′、2′、3′
节点，为 A 相三路电压信号，图 3-49 中为
A621、A622、A623，同理进线侧的节点 5，
出线侧为 7′、8′、9′节点，为 B 相三路电压
信号，图 3-49 中为 B621、B622、B623；进

图 3-50   计量接线盒 JXH 接线照片 1

线侧的节点 9，出线侧为 13′、14′、15′节点，为 C 相三路电压信号，图 3-49 中为 C621、
C622、C623。同理，系统中电流对应进线侧的节点 2、3，出线侧为 4′、6′节点，为 A 相一
路电流信号，图 3-49 中为 A412、N412a。节点 6、7，出线侧为 10′、12′节点，为 A 相一
路电流信号，图 3-49 中为 C412、N412c。

本案例产品，盒外可以接一只三相有功电度表及一只三相无功电度表，所以示意两组虚线框，虚线框内的 PJ 为预留位置，SYY 为电能表，PJ1 及 SYY 均有电流及电压信号的引入。

图 3-51 中，专门示意了电压引出的塑铜线，黄、绿、红各三根，头部掰弯，待备用连接供电部门多功能表，与信号软线不同，在二次原理图中使用塑铜线并不多见，故专门示意。

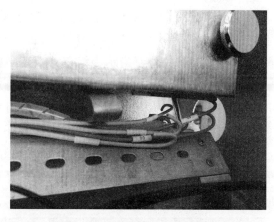

图 3-51　计量接线盒 VXH 接线照片 2

（3）电压表 PV 的系统接线为线号 612、613，与进线柜相同，为业主自理部分，通过转换开关调节档位，转换开关上口进线为计量接线盒 JXH 的 A623、B623、C623 出线端，见图 3-52。

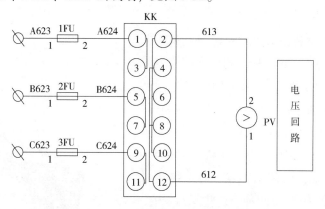

图 3-52　电压表及转换开关接线示意

3.7　高压其余柜体二次原理

因其余各柜体不同点并不多，剩余特点在本章中一并予以介绍。

1. 高压出线柜

高压出线柜一次系统见图 3-53，分为至本建筑变配电室变压器与建筑物外变配电室变压器两种，与高压受电柜的差别并不大，出线柜一般具有分断、隔离作用和各种保护功能，即过流、速断、过压、欠压、零序、差动等保护，根据被保护设备的需要来配置，故同样设置综保，相同之处参见受电柜。

（1）高压柜接地刀开关。进线柜中不涉及，在出线柜中设有。合状态时，刀开关呈

45°，刀开关位置指示为红色，柜后门机械解锁，门可打开，断路器不带电工作；分状态时，刀开关呈90°垂直，刀开关位置指示为绿色，柜后门机械自锁，门不可打开，断路器可以带电运行。将接地开关操作手柄插入中门右下侧六角孔内，逆时针旋转，使接地开关处于合闸位置，只有当接地开关位于合位状态时，并且电缆室门已经正确安装好时，方能将操作手柄插入负荷开关操作插孔内，操作孔处联锁板自动弹回遮住操作孔，柜下门闭锁。

（2）接地位置指示灯。三个指示器为一组，分别带电安装于三相电的导线上，对线路的电流进行实时监测；当监测到线路发生异常变化，且满足时间条件时，故障指示器将判断线路出现故障，并立即进行翻牌及闪光指示。

本例中以 HLE 命名，系统图中均设于 X3 端子排左侧，设备侧图 3-54 和图 3-10 均可见接线 HLE：X1、HLE：X2、HLE：X3，线号分别为 137、139、102，右侧对应端子排 JD：6、JD：8 为接地刀开关两个节点，另外一点至 HLQ：X3。

如图 3-55 所示，接地开关正常状态时，常开触点接于 X1 接线端，常闭触点接于 X2 接线端，X3 为 N 线端。所以 HLE 为两种颜色指示灯，在不同状态，会显示不同，X1 与 X3 接通时为红色指示，代表接地刀合位，当 X2 与 X3 接通时为绿色指示，代表接地刀分位，JD 常开触点与常闭触点互锁。

图 3-54 中可见 X3：33、X3：34 分别为 X1 与 X2 接线端，而 X3：15 为电源公共端。

（3）合闸闭锁回路中仅做预留常开触点，因不涉及闭锁要求的计量柜及隔离柜，系统中可见 101、141 线号的预留外放接点。

2. 母线联络柜（以下简称"母联柜"）与母线隔离柜

一次图见图 3-56、图 3-57。

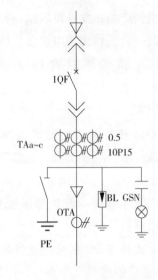

图 3-53　10kV 高压出线柜一次图示意

图 3-54　HLE 接地位置指示灯接线示意

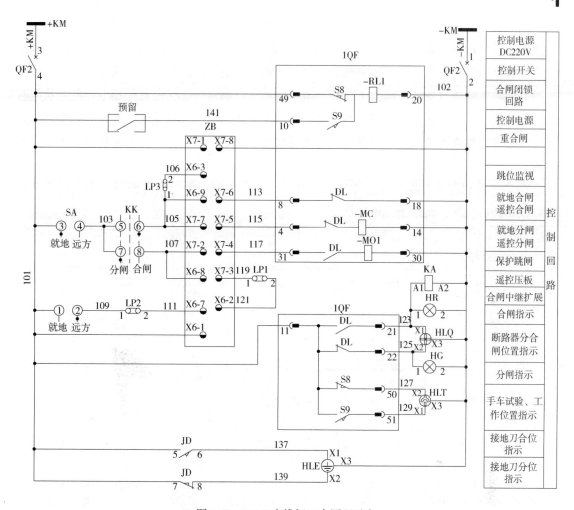

图 3-55 10kV 出线柜二次原理示意

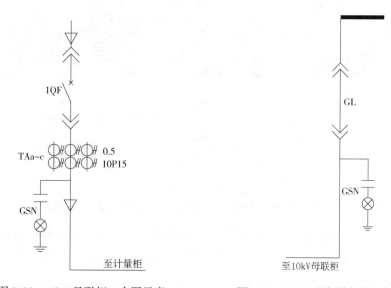

图 3-56 10kV 母联柜一次图示意   图 3-57 10kV 母线隔离柜一次图示意

（1）作用。均设置于两路高压分段处，并排使用，部分地区要求高压母线不做联络时，此两柜也就不存在。隔离的作用只有两个：一是为了检修方便，因 10kV 系统供电范围较大，当变电所进行断电一路高压检修时，如无隔离柜，则在母线联络柜中联开关位置，因为至少有一路电通路状态，所以或上口侧有电，或是下口侧有电，无法杜绝用电的危险状况存在，检修也无法彻底进行；二是如不设隔离柜，进出线的母排需要翻转，下端出线再翻至柜顶，两段母线如果都接入一个母联柜，母排截面大，多难以容纳，所以需要装隔离柜来进行转接。

（2）二次原理。母线联络柜可参考受电柜的二次原理，母线隔离柜可参考进线隔离柜的二次原理，见图 3-58 及图 3-59 所示。

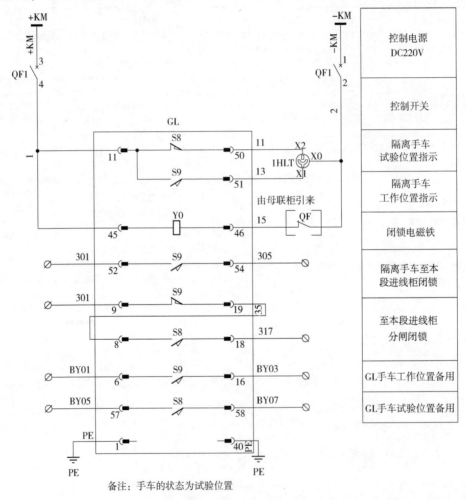

备注：手车的状态为试验位置

图 3-58　10kV 母线隔离柜二次原理示意

（3）两柜的关联。母线隔离柜设有一只闭锁电磁铁 YO，母线联络柜断路器手车底盘位置设置辅助接点 QF 常闭触点，连接隔离柜内闭锁电磁铁，工作限制只有当联络柜断路器分闸且处于试验或移开位置时，隔离柜的隔离手车才可以从工作位置移开；只有当隔离柜的隔离手车推入且处于工作位置时，母线联络柜的断路器手车才能被推进至工作位置，进而合

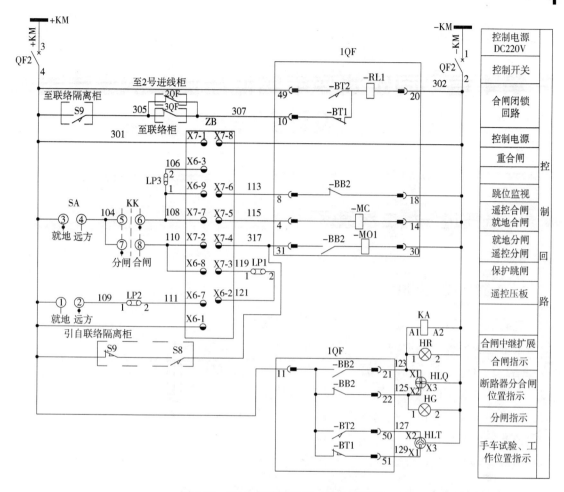

图 3-59　10kV 母线联络柜二次原理示意

闸。反之，将无法操作，防止带负荷误拉、误合隔离开关。

（4）互锁的要求。当母联柜的开关 QF 合闸后，QF 常闭点打开，远传于隔离柜中的 YO 闭锁铁得电，隔离手车进入工作状态，由原试验状态的 S8 切换为 S9 工作位置，相应的工作 S9 常开触点闭合，1HLT 工作位置指示灯点亮，外放至本段母联柜合闸闭锁的 S9 常开触点闭合，外放至本段母联柜分闸闭锁的 S8 常开触点闭合，S9 常闭触点打开。在母联柜中相应的两处合闸及分闸外放信号一一对应。

第4章　固定式变电站低压侧二次原理图设计实操

4.1　低压进线柜二次原理

1. 单进线的进线柜原理

进线柜一次侧示意见图4-1，如为上进则如图4-1所示，如为下进还需要表示上返的示意。图中可见有一组三相电流互感器，为电流测量回路；另外还有一组单相电流互感器，为低压电容柜的取样电流互感器。一般功率因数需要取相电压和电流，考虑三相功率因数相差不大，单相及三相电流互感器其实均可，又考虑造价和安装空间，多选择单相电流互感器。此外进线处需要设置浪涌保护器。

2. 浪涌保护器的接线

（1）浪涌保护器的波形选择。在照明或是动力系统图

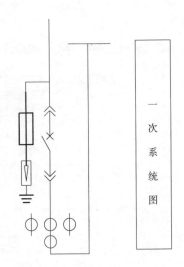

图4-1　低压进线柜一次图示意

中设置条件是一样的，其中10/350μs是一级波形，测试模拟直击雷的波形，所以波形能量大，设计时适合设置于建筑物的入户端；8/20μs是二级波形，测试模拟雷电感应和雷电传导的波形，波形能量较小，适用于配电系统前端、中端、末端，针对末端的配电系统，还有三级测试1.2/50μs和8/20μs复合波，实际设计时应用较少。

（2）浪涌保护器的设置原则。

1）一级浪涌保护器设置于从LPZ0区（室外）传导进入LPZ1区（室内），最常见是进线总柜处或室外配电箱等，也就是低压进线柜之处。以A类建筑为例，可防范20kA以上（10/350μs）、80kA以上（8/20μs）的雷电波，电压保护水平不大于2.5kV，响应时间小于或等于100ns，选择与其配合的断路器建议采用63A的额定值，D型曲线。

2）二级浪涌保护器设置于从LPZ1区至LPZ2区，由于这两区都处于室内部分，从定义的角度来看，"雷电流进一步削弱"并不能直接指导设计界定这个区域。实际设计时，可以认为就是总箱后直接下级的二级配电箱，如楼层配电箱或与室外存在墙体分隔（LPZ1区）

的机房配电箱等，雷电通流容量大于或等于 40kA、小于 80kA（8/20μs）；电压保护水平不大于 2.5kV，响应时间不大于 25ns。选择与其配合的断路器建议采用 25A 或 32A 的额定值，D 型曲线。

3）第三级保护器设置于后续保护区，用于末端的配电箱及需要特别保护的电子设备处，常用二级浪涌保护器的居多，雷电通流容量大于或等于 5kA、小于 40kA（8/20μs），10kA（1.2/50μs 和 8/20μs 复合波）电压保护水平不大于 1.5kV。

电子信息设备交流电源进线端安装的电源防雷器作为第三级保护时为串联式限压型电源防雷器，其雷电通流容量建议不低于 10kA，选择与其配合的断路器建议采用 16A 的额定值，D 型曲线（分断能力较大）。

（3）末端浪涌保护器的接线案例。如图 4-2（见文前彩插）所示，为二级浪涌保护，采用了 63A 及 4P 的断路器对 SPD 进行保护，图 4-2 中一反一正，看着别扭，实际合理，断路器下口配出缆线后，不需要上返，直接接入 SPD 侧的进线端子，所以 SPD 为反向装设，线缆距离最短。另外需要注意 SPD 系统中示意的接地做法，其实由一根接地线完成，任意一位的出线端即可，并无特别的要求，图 4-2 中黄绿色（上排最左端）的电线即是，其另外一端接入接地母排。

3. 电流测量回路二次原理

（1）TAa、TAb、TAc 为测量用电流互感器，图 4-3 中 PM 为多功能仪表，电流互感器接地线可用连接片连接于端子排。多功能表与互感器之间连线为 A411、B411、C411，汇于 N411。

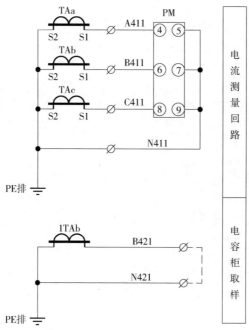

图 4-3 低压进线柜测量及电容柜采样电流二次图示意

（2）1TAb 为低压电容柜的取样电流互感器，外引虚线外放至电容补偿柜，电流互感器接地线可用连接片连接于端子排。电流表与互感器之间连线为 B421、N421。本案例中接于 B 相，其余相也可。

4. 电压测量回路二次图（图4-4）

在箱式变低压侧案例中未设置此功能，变配电站中需要考虑，一次系统中一般不见相对应的示意表达。

（1）作用。通过检测进线柜的电压，来观察进线电压波动是否在压降允许范围内，同时也起到对三相电压平衡的监控等作用。

（2）电源。FU11、FU12、FU13 为熔断器，用以保护多功能电表 PM，电压信号取自主进断路器 1QF 的下口，即为电源。多功能电表 PM 与熔断器之间的连线 A601、B601、C601 汇于 N 线。同时多功能电表 PM 电源取自 A601 及 N 线，并接于 A 相二次上，为仪表电源。

（3）外放。本案例中的多功能表 PM 具有监控开关状态的功能，主进开关 1QF 提供两组常开触点及常闭触点信号，分别为断路器运行及故障的指示。

（4）多功能表 PM 的通信口。多功能表也有数据上传功能，配出线多为双绞线，A＋及

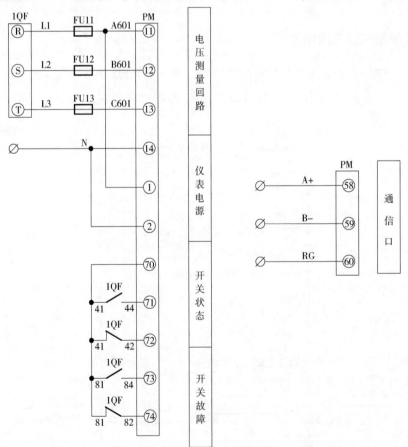

图4-4　低压进线柜电压测量及外放信号示意

B – 为直流信号，为 RS485 总线信号输出的通信接口，RG 此处为数字接地。

5. 多功能电表 PM 接线案例

（1）【案例 1】由箱体背盘（图 4-5）可见多功能电表的接线示意，正面可见电流功能、电压功能、功率、无功等电子档位。由箱体侧面附带图纸（图 4-6）可见（盘厂进行二次侧接线操作时，门侧板均需粘贴设计院纸版的一次图或是深化后的二次图），接线端电流的 ∗ 代表极性端，不是 ± 的意思，只是定义的出线端，即要求 A 相电流从 IA ∗ 流入、从 IA 流出（也有表示为 IA ∗ 流入、从 Ia ∗ 流出），B 相电流从 IB ∗ 流入、从 IB 流出，C 相电流从 IC ∗ 流入、从 IC 流出。图 4-6 与实际略有不同，见图 4-7，因为线电流的采集，共用的中性线，所以可见 IA ∗、IB ∗、IC ∗ 均利用了 In，实际接线中可见 IA、IB、IC 采用了链式连接，所接线号可见为 N401，即 In。

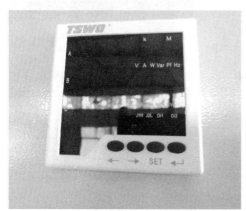

图 4-5　多功能电表 PM 面板照片

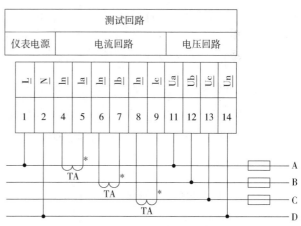

图 4-6　多功能电表 PM 接线示意

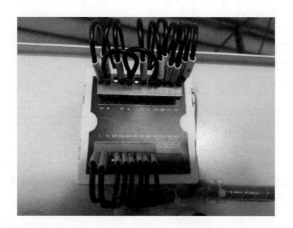

图 4-7　多功能电表 PM 接线照片

电压测量更加直观地体现出三相及中性线，可见 UA、UB、UC、UN 等，仪表的交流工作电源为 L、N，接线与二次原理图中的一致。系统中不曾表示的是几个直流端口，如 A +、

B－是 RS485 总线信号输出的通信接口，D11、D12 为开关量输入，即无源点（干接点），GND 为电路板接地（系统案例中为 RG），A0＋为一路模拟量输出。

（2）【案例 2】原理实质并无不同，只是对不同产品的接线方式多一种案例示意，以便读者加深了解，见图 4-8，盘面板同为显示屏，有菜单回车等。OVE300SX 网络多功能电力仪表用于配电系统的连续监测与控制，可测量各种常用电力参数、有无功电能的需求量，可进行远端控制，有模拟量变送输出功能。所有的数据都可以通过 RS-485 通信口用 MODBUS 协议读出。如图 4-9 所示（见文前彩插），上排左侧为直流输入电源，上排右侧为信号输出，下侧 VA、VB、VC 为输入的电压信息，VN 为中性点，与案例一中的 UA、UB、UC、UN 等意义相同，右边六根线 1A＋、1A－、1B＋、1B－、1C＋、1C－则分别为三相的电流测量的输入及输出，与【案例 1】

图 4-8　多功能电表 PM 面板照片 2

中的 IA＊、IA 等对应。仪表的交流工作电源为 A601、N，与 A＋、B－同是 RS485 总线信号输出的通信接口，黑线为数字接地，该产品在数字输出方面，预留的接口更丰富一些，如 R11～R22 等接点为遥控、脉冲输出等，D11～D14 等接点为开关量输入等，A0＋、A0－等为模拟量输出。

6. 控制主回路二次原理（图 4-10）

（1）储能回路。箱式变电站中已经有过介绍，这里仅介绍本案例中的特别之处。真空断路器的储能机构同样并非电动，而是采用手动反复下拉拉杆，使电机弹簧储能，达到合闸的要求时，黄色储能指示灯 HY 才会点亮。

（2）合闸原理。本案例采用了一个类似双控开关的原理，是一种三个引脚的常开式开关，也叫摇头式常开触点，封装外表为三引脚，自动换位开关，它的中间引脚为公共端子，可节省触点，常开触点不打在分闸上就会打在合闸上，只能二选其一。合闸之前，合闸指示回路的常开触点打开，相应的合闸红色指示灯 HR 处于熄灭状态，分闸指示回路的常闭触点保持，相应的分闸绿色指示灯 HG 为点亮状态。

合闸时，按下合闸按钮 ST，合闸线圈得电，真空断路器闭合，所有相关的常开触点及常闭触点均由常态变为相反的状态，需注意本案例中合闸线圈、分闸线圈中未设常闭触点、常开触点，与高压侧开关一样，线圈示意即为开关衔铁。

合闸后，合闸指示回路的常开触点闭合，相应的合闸红色指示灯 HR 点亮，常开触点从分闸指示回路上打开，相应的分闸绿色指示灯 HG 熄灭。

（3）本案例中设置了部分开关的备用辅助触点，这一点与高压侧的进线相似，在箱式变电站案例中并没有设置，一般依据工程实际情况而定。

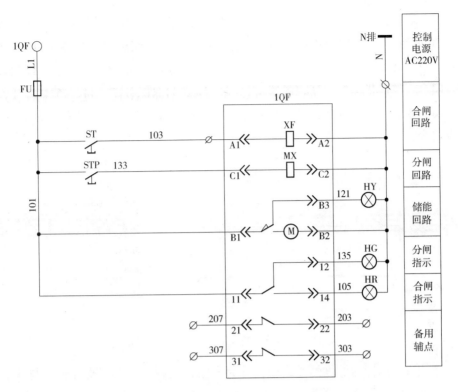

图 4-10　低压进线柜主回路二次原理示意

（4）分闸原理。分闸时，按下分闸按钮 STP，分闸线圈得电，真空断路器断开，运行原理见高压侧进线断路器，所有相关的常开触点及常闭触点均恢复常态，合闸指示回路的常开触点打开，相应的合闸红色指示灯 HR 呈熄灭状态，分闸指示回路的常闭触点保持，相应的分闸绿色指示灯 HG 为点亮状态。

但需要注意，变压器超温保护等本案例不涉及。

7. 储能开关实操案例

（1）原理。高低压真空断路器类似，断路器的储能主要指将合闸或分闸弹簧进行拉伸，使之具有相应的势能，就像拉满的弓箭一样。储能弹簧是连接在合闸或分闸机构上的。当进行合闸或分闸时，合闸或分闸电磁铁动作，释放弓弦后，合闸或分闸弹簧迅速将断路器的动触头合上或分开，快速的主要目的是缩短合闸或分闸的电弧存在时间，达到迅速灭弧的目的。断路器的储能可以采用手动或电动两种方式进行。

电动形式则需要设置电机，用于供给合闸所需要的能量，因此才会设有直流柜，其占用了大部分的直流负荷，故在箱变中自带直流操作电源即可满足其余操作电源的需求。分闸部分也设有分闸弹簧，但是其完成操作需要的势能小很多，压缩困难，释放轻松。弹簧完成储能到能量释放的时间都不长，一般在 10s 以内，时间久了肯定会对速度有影响，但是断路器的分合闸速度是由厂家设定范围，主要考虑弹簧的疲劳问题，一般不会影响断路器的正常分合闸。

（2）端子排接线图（图 4-11）。真空断路器的端子排多设有启停、指示、转换等功能外放接点，如合闸状态的常闭触点，图 4-11 中的 31、32 两点；分闸状态的常开触点，如图 4-11 中的 29、30 两点；电机储能状态与合闸状态一致，均为常闭触点，如图 4-11 中的 33、34 两点。33、34、35 点为双控触点，34、35 点为另外的常开模式，储能完成，常闭触点打开，常开触点闭合，储能指示灯点亮。同理 45、46、47 点为双控触点，44、45 点为开关分闸的指示，常闭保持，指示灯点亮；另外的常开模式，则是合闸时，触点切换至常闭触点打开，常开触点闭合，合闸指示灯点亮。

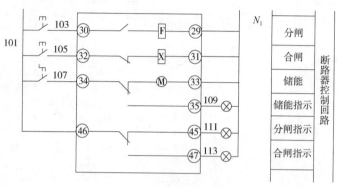

图 4-11　盘面附带低压主进开关二次原理示意

（3）系统方框内即为电机的接线图，分为合闸常闭触点、分闸常开触点与储能电机常闭触点。与图 4-12（见文前彩插）对应，公用 N1 线，即二次回路中的 N 线，所以端子序号为 29、31、33 等端子接入 N1 线，端子序号为 30、32、35 等设于端子排后侧，接线号 103、105（图 4-12 中 105 被遮挡）、107 等，引至端子排另一侧。前排端子除了 N 线，还有接线号 109、111、113 等，分别为储能、分闸、合闸指示的后排接点，图 4-12 与图 4-11 对应，如端子序号 45~47 对应前排线号 111 及 113，后排线号为 101，虽然图 4-12 并没有显示，依然可以推测。图 4-12 可见为偶数的接线端子均在后侧，奇数的接线端子均在前面，前后端子并非上下直接对应，而是交叉排布，也是为了方便连线，算是工业设计的细节。

（4）盘面的设置。由图 4-13 可见，上一排与二次系统一一对应的是合闸指示、储能指示和分闸指示。再看图 4-14，由其背后接线可见，对应二次原理图的 109、111、113 线号，接入下端口，公用 N1 线，串接接入上口，这里 N1 与 N 线意义相同。

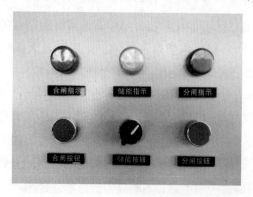

图 4-13　低压主进开关柜指示灯面板照片

图 4-14　低压主进开关柜指示灯背板照片

下面一排为合闸按钮、储能按钮和分闸按钮，由背后接线可见，对应二次原理图的103、105、107 线号，接入下口，公用 101 线，即二次侧相线，相互间链式连接，接入上口。

8. 两路低压进户之间设母联柜

因有两面主进柜，则进线柜与隔离柜、母联柜间需要做电气联锁，保证不能同时投入。电气联锁用辅助触点即可实现，见图 4-15，在每台框架断路器 1QF 的合闸回路上，串联接入另外两台柜断路器的常闭触点，同时这两个常闭触点为并联关系，仅需要有一个常闭触点保持回路即可接通，当母联柜与另外一台进线柜都处于合闸状态时，则两常闭触点均打开，本主进线柜不可投入，这样可保证两台主进线柜仅供电给各自母线段的情况，也可以满足一台进线柜通过母联柜给两段母线同时供电的情况，所以必须保持有一台主进线柜此时不能投入。其余原理与单台主进线柜并无区别。

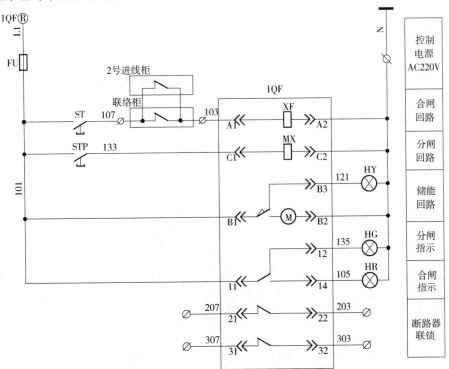

图 4-15 双路低压进线柜主回路二次原理示意

9. 低压侧端子排系统

端子排上可见跳线、外放及各功能的最简体现。如图 4-16 所示，对应系统仍为图 4-15。

（1）主进柜与隔离柜、母联柜的电气联锁为外放线路，占用 10 ~ 21 端子点，可见从端子排 103、107 引出至母线柜及 2 号进线柜，如在 2 号主进线柜则是引出至母线柜及 1 号进线柜，在母联柜则是引出至 1 号进线柜及 2 号进线柜，相应的断路器状态反馈信号由端子排馈出，线号 203、207 引出至 2 号进线柜，线号 303、307 引出至母联柜。

（2）25～27 端子点为多功能电表 PM 配出的 485 总线信号输出的通信接口，考虑信号的不失真，注明为屏蔽双绞线，A + 及 B－、RG 为直流信号，其实也为外放信号，但考虑本次设计仅是预留功能，所以不示意外放。

（3）1～8 端子为电流互感器部分，与箱变二次没有差别，其中 5、8 端子点为两组电流互感器的接地，多表示于端子排上，会汇集于柜体的 PE 线母排上。

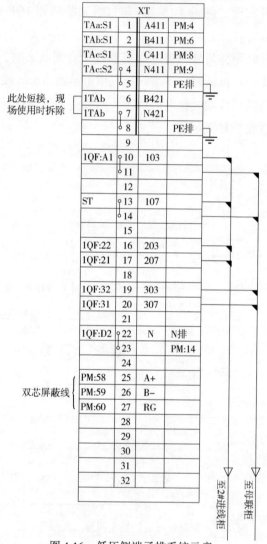

图 4-16　低压侧端子排系统示意

10. PE 线及 N 线在柜内联结（图 4-17、图 4-18）

（1）二次也好，一次也好，PE 线及 N 线最终均汇于相应的母排。N 线母排多设于母排的中间，考虑到重复接地后不再接地，以便于应用更多的外侧的 PE 母线接线。若是 TN-S 系统，N 线与 PE 线已经分开，不可再交汇，故两侧多设有绝缘子。

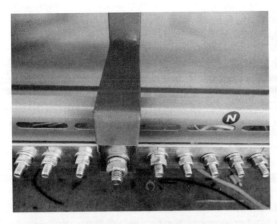

图 4-17　N 线母排安装照片

图 4-18　PE 线母排安装照片

若是 TN-C-S 系统，PEN 线需先接 PE 母排，然后通过独立导线接中性线母排，这样的好处是：如果 PE 排至 N 排的连接线出现虚接松动，中性线形成断路，设备将无法正常工作，这种故障可及时发现，以便于修复，不至于发生触电安全事故。

若 PEN 线先接至 N 线母排，再接 PE 母排，遇到上面的虚接松动，PE 线的保护接地功能将不存在，但这时设备仍然会运行，导致外壳带电等情况，存在极大的安全隐患，持续运行可能会发生电击安全事故。

（2）PE 母排，考虑现有建筑多是综合接地形式，需要 PE 母线与柜体框架进行联结，故可见 PE 母线与箱体外框通过镀锌螺钉、螺母进行联结，在开关、母线等出现搭接漏电时，仍可保证操作人员的基本人身安全。

4.2　低压母联柜二次原理

在箱式变电站的二次原理中，并没有涉及母联柜，但在固定式变配电室中，多是低压双电源进线，需设置母联柜。

1. 母联柜介绍

（1）与高压侧的区别。与高压母联柜不同，高压母联柜设有母联隔离柜，完成母线翻越需要两个柜，为母联开关柜和母联隔离柜。而低压侧母联柜就一面柜即可，因为低压侧要求的安全距离小，多在一个柜内即可实现母线由顶至底再至顶的翻越。

（2）用途。不管高压侧还是低压侧，母联柜均为分段处使用。在高压侧多不准自动投入，低压侧的控制模式相对较多，最常见采用单母线分段的接线方式，在正常供电时，母联柜处于分闸状态，由 1 号、2 号进线柜开关各自带一段母线负荷，当一段母线故障或需要停电检修时，可通过合闸母联柜的开关，为故障段负荷或检修段的重要负荷供电，以达到保证供电可靠性的要求。

（3）母联柜二次图。在结构上与进线柜没什么区别，但要注意一次侧联络母线至左翻还是右翻。如图 4-19 所示，则是右翻，其常规二次侧电源来自于右侧，也就是 2 号进线柜，因母线隔离柜断开时，1 号进线柜二次电源处于分断状态。

2. 低压母联柜二次原理图（图 4-20）

（1）储能原理、合闸原理、分闸原理均与进线柜一致，不再赘述。

（2）母线选择，母线隔离柜左右两侧分别为两路主进电源的母线，故避免同时投入是二次控制的重点。

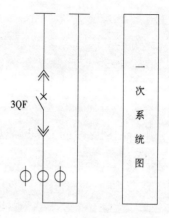

图 4-19　低压母联柜一次图示意

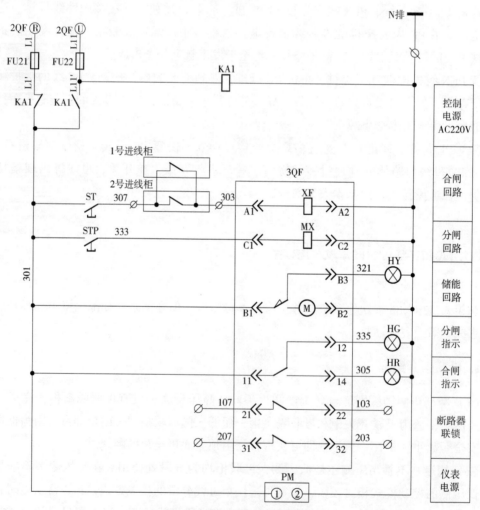

图 4-20　低压母联柜二次原理示意

（3）在二次回路设置中间继电器 KA1，一端接于 N 线，另外一端接于常带电母线侧，案例与一次系统一致，故图 4-20 中为 2 号电源侧，即 U 母线段（R 母线段代表 1 号电源母线，U 母线段代表 2 号电源母线）。

（4）正常运行时，2 号电源母线通电，KA1 线圈不得电，其控制电源段常开触点 KA1 断开，常闭触点 KA1 闭合，保证二次回路的供电。

（5）当其中任意一段母线停电检修或出现故障，如 2 号电源失电，因为继电器 KA1 失电，则合闸回路段的 1 号进线柜常闭触点 KA1 复位，同时常开触点 KA1 打开，断开 2 号进线柜电源，保证合闸回路可以接通，完成母线隔离开关 3QF 的分合闸操作。

（6）若 1 号电源失电，因 1 号进线柜的二次电源在母联侧本来就处于断开状态，并不为母联二次侧供电，其二次回路的供电状况不发生变化。

（7）另外多功能电表 PM 的电源也不再取自某一段的一次侧，考虑到切换可能出现的断电，其电源取自母联的二次回路，如图 4-20 所示的 301 及 N 线，电源的转换与 KA1 线圈的转换原理一样，不再赘述。

4.3　低压出线柜二次原理

低压出线柜如果有继电器、接触器的控制要求，可参考后章节的末端电气原理图部分，如仅是馈出回路，则多为抽屉柜及固定柜两种。如图 4-21 中带有插拔示意的，有时为似书名号《》形式，有时为似双括号（（　））形式，各地实际设计不同，但多数从外表上就可以辨识。

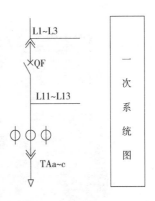

图 4-21　低压出线一次图示意

1. 柜体常识

低压配电柜有 GCS、GCK、MNS 等众多型号。

（1）GCK、GCS 低压抽出式开关柜外形尺寸：2200（高）mm × 600/800/1000（宽）mm × 800/1000（深）mm，GCK 柜可设置 25cm 高的模数抽屉柜 9 层，单层内不再分割，GCS 柜可以设置 20cm 高的模数抽屉柜 11 层，单层可分割为 1/2 抽屉。

（2）MNS 抽出式开关柜外形尺寸：2200（高）mm × 600/800/1000（宽）mm × 600/1000（深）mm，可设置 25cm 高的模数抽屉柜 9 层，单层内最小可分割为其宽度的 1/4（2E）模数，适用于 63A 整定值的微断开关，1/2（4E）模数适用于 100A 整定值以下的微断开关，1 层（8E）模数抽屉柜适用于 100 ~ 250A 整定值的塑壳开关，2 层（16E）模数抽屉柜适用于 315 ~ 400A 整定值的塑壳开关，3 层（24E）模数抽屉柜适用于 630 ~ 800A 整定值的塑壳开关。MNS 出线柜的面宽可以按 600mm 或 1000mm 两种规格进行选择，600mm 出线为后出线柜，对后部距离要求较高，不可以靠墙安装，最少预留 1m 的维修空间；1000mm 出线柜为侧出线柜，可靠墙布置，母联柜的面宽可以按 600、800、1000 三种规格进行选择，深度为 800mm 或 1000mm。

2. 柜体内容

不管是抽屉式还是固定式，电流互感器大多数用于计量，低压柜上多设置三个互感器，同时电流表也是三只，在低压配电柜内的出线回路上，或是抽屉柜内。当回路计算电流≤50A 时，可以不设电流互感器，而当末端负荷为三相平衡的电机设备时，也可以设置单相电流互感器及单相电流表。

3. 柜体实例

（1）开关设置。图 4-22 为低压出线柜的照片实例，为固定分隔式低压柜形式，适用于变压器后第一级的低压配电输出，属于性质上和抽屉式一样，但在开门方式上又与固定式相似的一种类型，里面有多个分隔空间，同样选用插拔式开关，安装于独立的固定分隔小室内，分开关本体和底座两个部分，转换开关背后为抽屉小室，如图 4-23 所示，开关可以插拔，照片中未有显示。选用抽出式塑壳开关，相对于单纯的抽屉柜，更方便更换，且不需要断掉总电源。

图 4-22　固定分隔式低压柜面板照片　　图 4-23　固定分隔式低压柜电缆室照片

（2）盘内布置。主次元件隔室位于柜前，盘面可见塑壳开关的转换开关、电源指示灯（红色合闸、绿色分闸）、多功能表等。电缆隔室位于柜后，背面方便接电缆引出，如图 4-23 所示；母线室设于柜侧。开关、母排、一次电缆、二次接线都有独立的空间，通风散热好，安装接线、维护保养安全方便见图 4-24。

（3）互锁。转换开关旋转到底，主触头到位后，断路器至合闸。只有当手车处于断开位置/试验位置时才能插拔二次插头或是打开小柜门，手车离开断开位置/试验位置后，在向工作位置推进的过程中和达到工作位置以后，不能拔开二次插头或是小柜门，二次插头被锁定，通过互锁，保证合闸时不能打开柜门。

图 4-24　固定分隔式低压柜背板照片

4. 低压出线二次原理

（1）电流测量回路。如为三相测量，则与进线处相同，不再赘述；同理，电压测量回路及多功能电表 PM 亦同进线柜（图 4-25）。

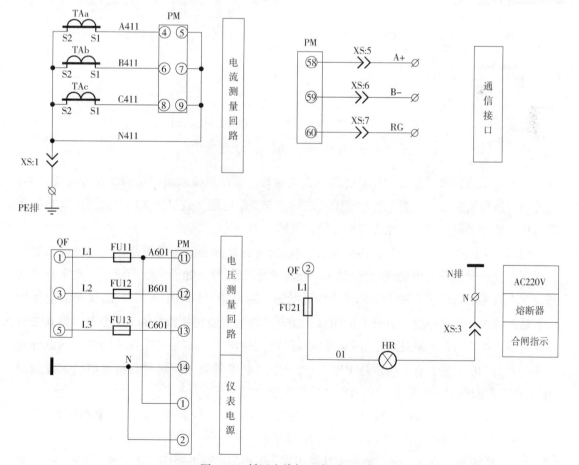

图 4-25　低压出线柜二次原理示意

（2）合闸指示。与实例中不同，本系统案例（图4-25）仅设有合闸的红色指示灯HG，而图4-22中还设有绿色的分闸指示灯，这需要按设计的具体要求确定。合闸指示灯电源取自相关回路的开关下口，设于二次熔断器FU21后，二次熔断器FU21本处功能为保护合闸的红色指示灯HG。图4-25中示意为插拔式，更方便更换，常用于抽屉柜的设计中。

（3）仅于一相上设置互感器的二次原理。当回路为三相平衡电路，如纯电机负荷时，则可以仅在一相上设置互感器。如图4-26所示，与设置三相互感器的情况相似，合闸的红色指示灯HG回路不变，而一次图中的三只电流互感器改为一只，故二次图中则仅表达一只电流互感器即可，案例中设于为A相的TAa，图中标注采用L1相的方式与A相的意义相同，电压测量回路及多功能电表PM同样仅取相同一相，图4-26中电压侧为L1相。

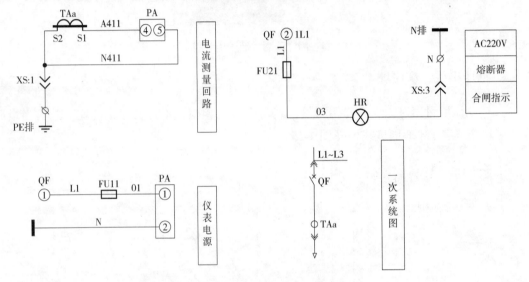

图4-26　仅设一组互感器的二次原理示意

（4）出线支路要求设置分励脱扣器的二次原理。低压出线回路中是否设置分励脱扣器，是外审时格外重视的一个要点，规范中要求切除非消防电源，宜设于变压器低压出线端，所以低压出线分励脱扣的二次原理这里介绍。见图4-27所示。

1）基本要求。设于非消防支路上，在消防时进行切除非消防电源操作，这种脱扣器是得电脱扣，也就是通过中间继电器KA接引来各种控制信号，如消防联动信号、楼宇自控信号等，在合闸状态时，合闸指示回路为得电状态，合闸指示灯HR1点亮。当接到继电保护信号后，通过中间继电器常开触点的闭合，使开关内的分励脱扣器线圈KA得电，使其主回路常开触点KA闭合，回路断路器分励脱扣器的线圈QF得电，主回路开关断开，绿色分励脱扣指示灯HG点亮，合闸指示灯HR1因为主回路断电而熄灭，同时断路器辅助常开触点QF闭合返回断路器状态信号，从而完成开断操作。

2）一般来说，分励脱扣器对于塑壳或是框架断路器比较普遍，对于微型断路器而言，也有厂家生产相关附件，但是需要设计时提前落实。

3）电流测量、电压测量回路、多功能电表PM均与进线处相同，不再赘述。

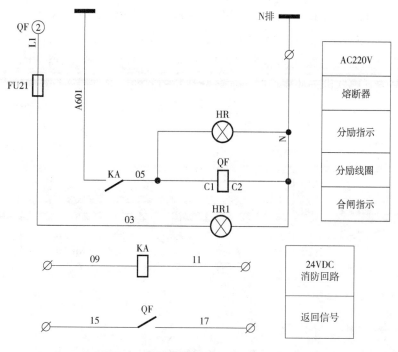

图 4-27　分励脱扣器二次原理示意

4）需要注意 A601 电压信号取自断路器的上口，所以分励脱扣器线圈得电失电与断路器带不带电并无关联，但是合闸指示灯电源则取自断路器下口，在断路器分闸后失电，所以合闸指示灯 HR1 会熄灭。

（5）切除非消防电源实例，如图 4-28（见文前彩插）所示。

1）主断路器上标明为 3340，而下级分支的断路器注明为 3330（图中未展示），其中 3340 为国产品牌设分励脱扣器时的常规标注，末尾为 40 的标注为加装了分励脱扣器，而末尾为 30 的产品则不带有该功能，可见本案例中分励脱扣器设于总开关侧，消防时切除总断路器的电源即可。

2）分励脱扣器的信号引入。箱体左上侧的端子排，其左上方两根白色注明为 DC 信号线的即为 24V 消防信号引入，并在端子排上完成中转，因为此盘未最终完成，外引的消防信号线尚未接入，实际会从端子排下方对应的位置引入。端子排上的 DC 中转跳线，中转至旁边中间继电器下侧接线端，另外两根白色 DC 信号线即另外一端，为继电器 KA 线圈的 24V 信号线（注：DC ± 信号的继电器线圈，分为正负极，接线时需要试验），接于继电器下方同侧后方。

3）KA 继电器还可见右侧的一对常开触点 KA 接线，为上下端的接线，上端的红线至断路器的分励脱扣器线圈，下端是编号为 L 的电源线。

4）L 线另外一端取自断路器下口的黄色相出线处，压接的 L 电源线通过 KA 的常开触点闭合，为断路器内分励脱扣器线圈提供电源，进而通过闭合也发出分励脱扣指令。因取自下口，断路器失电后就不会再有脱扣的误操作。

5）左侧端子排上方还有红、白、黄三根信号线则是断路器状态的外放信号，来自断路器内，外放的状态信号线也未见，实际也会从端子排下方对应的位置配出。图4-27与图4-28一一对应。

（6）拔插式设备二次原理图。如图4-29所示，抽屉柜分励脱扣器与固定柜并无不同，不再赘述。电流互感器设于抽屉柜时，加装分励脱扣器的情况有所不同。

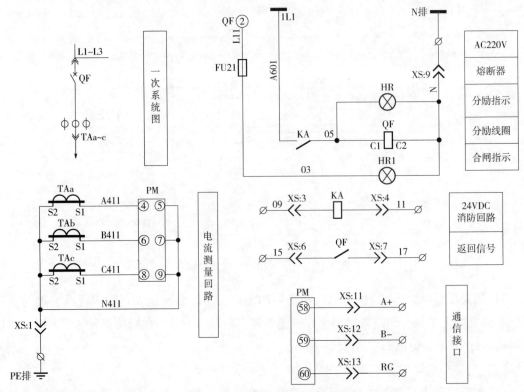

图4-29　抽屉柜二次原理示意

1）支路计算电流在400A以下时的电流互感器可装在抽屉内，一般不引出电流二次线，计算电流在400A以上时，考虑到抽屉柜的空间不足，电流互感器多装在抽屉外。

2）抽屉在本案例中用《》表示，编号为XS，图4-29可见电流互感器设于抽屉中，电流互感器在抽屉上接点XS：1，分励脱扣器抽屉上接点为XS：9，分励脱扣器的消防信号外放在抽屉上接点为XS：3、XS：4，分励脱扣后的断路器信号返回在抽屉上接点为XS：6、XS：7，多功能电表PM在抽屉上接点为XS：11、XS：12、XS：13，单一个点仅一个触头，两点为两个触头。

（7）断路器QF与中间继电器KA的具体接线图，如图4-30所示，与系统相互对应，本案例中均采用JZ7-44继电器，为四常开触点四常闭触点，实际接线使用与系统示意一致，09及11线号为继电器KA的线圈接点，A601及05线号为继电器KA的常开接点，N及05线号为断路器分励脱扣器线圈接点，15及17线号为断路器分励脱扣器线圈的常开触点，均仅使用一组常开触点。

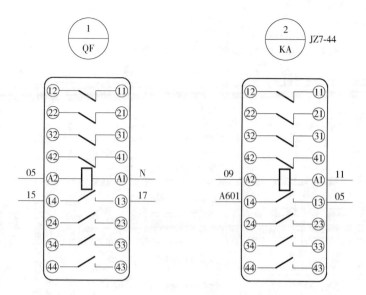

图 4-30　分励脱扣功能中断路器与继电器接线示意

4.4　低压补偿柜二次原理

与箱式变电站的二次原理相似，相同部分不做赘述。

1. 一次图主要设备

如图 4-31 所示，一次侧可见设有熔断器，1KM ~ 10KM 接触器，电流互感器 TAa ~ c，负荷开关 QS，低压补偿控制器（一次图不可见），本案例中称为 KRC，有设置热继电器的设计，也有采用电抗器的设计，本案例中采用了电抗器。无功功率补偿装置也可分为两组，一组用作固定补偿，始终投入供电系统中；另一组采用"控制器"进行自动补偿，通过转换开关进行切换，这种方法可以减少制造成本，本案例中完全采用自动功率补偿器。

现在低压电网中有大量谐波源，产生的高次谐波会影

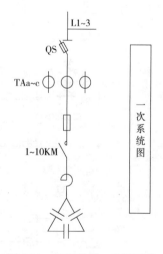

图 4-31　低压补偿一次图示意

响其他电器设备的正常运行，串联电抗器广泛用于低压无功补偿柜中，与电容器串联后，能有效吸收电网谐波，改善系统的电压波形，提高系统功率因数，并能有效抑制合闸涌流及操作过电压，可以保护电容器。

2. 低压补偿二次原理

低压补偿二次原理示意如图 4-32 及图 4-33 所示。

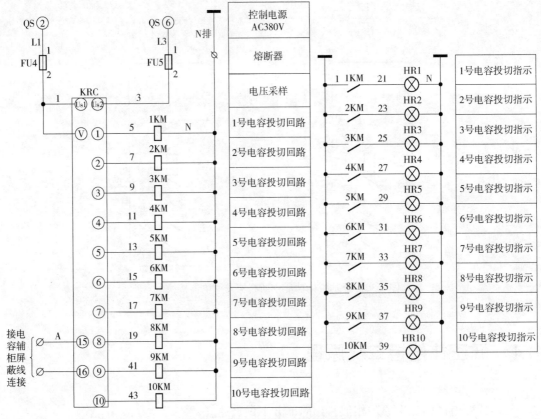

图 4-32　低压补偿二次原理示意 1

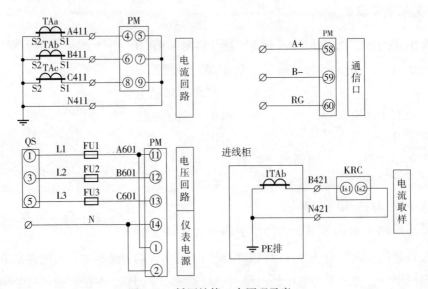

图 4-33　低压补偿二次原理示意 2

（1）KRC 控制器的接线。B421 与 N421 为外接电流互感器，KRC 控制器上点为 I_{S1}、I_{S2}（即 15、16 接线点），负责电流取样，由低压进线柜引来，与箱式变电站相同。KRC 控制器上 U_{S1}、U_{S2} 为控制器电源，案例中分别取自 L1、L3 相。右部接线排 1～10 接线点，为具体的补偿回路，本案例中为 1 ~ 10 路，分别接至各组接触器，根据一次图中的补偿要求进行设定。左部接线排 15、16 接线点为 KRC 控制器，接电容辅助柜屏蔽线，取自进线柜处的 Tab 电流互感器的外放信号。

（2）具体投切。接触器 1KM ~ 10KM 线圈与 KRC 控制器存在连线，1 ~ 10 接线点又共用 N 线，根据实际补偿的要求，自动控制器 KRC 选择导通的接触器，如 1KM 回路得电，则相应的主回路接通，投入补偿电容器，相应的 1 号电容投切指示段的常开触点 1KM 闭合，回路接通，相应的投切指示灯 HR1 点亮。

（3）本案例中柜体高度为 2.2m，柜身较高，所以分为上下两个柜门，上面板背面接线如图 4-34 所示，照片中未见多功能仪表，而是采用了三块电流表，为与系统不一致之处。右侧为 KRC 控制器，下面一排则为 1 ~ 10 号电容切换指示灯，上方端子串接 N 线，下方端子并接 L 相线。柜内接线如图 4-35 所示，最上一排分别为保护 1 ~ 10 号电容器的 10 只微型断路器，中层为 1 ~ 10 号补偿专用接触器，最下方则是 1 ~ 10 号电容器。

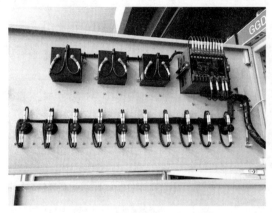
图 4-34　上面板背面接线照片

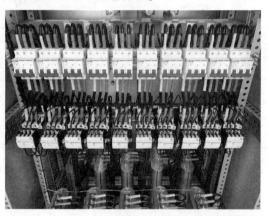
图 4-35　低压补偿柜内接线照片

（4）单组电容补偿的接线图。如图 4-36 所示，三相分别接线，电源取自接触器主回路端子后，分别为黄、绿、红三色线，需要注意是有接地的链式接线，多采用多股软铜裸线，即二次系统中标注的电容辅助柜屏蔽线。

3. 熔断器保护

并设有热继电器的低压补偿案例。

（1）盘面接线。

1）功率补偿表的接线。如图 4-37 所示，A402、N401 的电流回路分别接入无功表，同时编号为 49 及 61 的电压回路，也接入无功表，与图 4-40 中右上方的无功表的四根线实际接线一一对应。

图 4-36　单组电容补偿接线照片

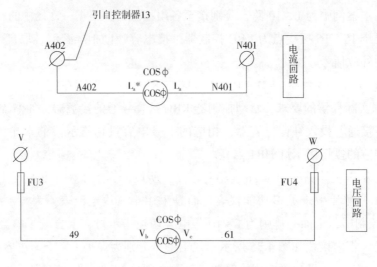

图 4-37　低压补偿案例 2 二次原理示意 1

2）布线特点。如图 4-40 所示，可以注意一点，在这个案例中的电流回路都采用了蓝色护套，而电压回路则都采用了红色护套，这一点不能肯定是否有盘厂规范制约，但从视觉的角度而言，确实容易分辨，也算识别二次图的小技巧。

3）自动功率补偿控制器的接线。本案例采用六组电容补偿装置，如图 4-38 所示，自动功率补偿控制器上的 A401 及 N401 为采样电流，为出厂校验使用。01 及 N 为控制器的电源接入点，1、3、5、7、9、11 等为 6 组接触器 KM 线圈的另外一组接点，设于控制器的下端，图 4-38 与图 4-40 中控制器右下角的接线可以对应。

4）接触器的接线。每一组补偿装置均设置一组接触器，本案例中为 1KM～6KM，一端连接控制器，15～20 号端子点，另外一端均串接于零线 N 上，图 4-38 与图 4-41 相互对应。

5）六组补偿装置的投入的指示灯，盘正面安装示意见图 4-39，可见有 1HR～6HR 显示灯，背板接线为 871～883 中奇数的编号，共用 N 线，下口有串接 N 线，图 4-38 与图 4-39 相互对应。

6）盘面正面三块电流表，背板接线为 A411、B411、C411，共用 N411 线，图 4-38 与盘面接线（图 4-39）对应。

（2）低压补偿接触器的接线。这里将普通接触器及补偿用接触器对比进行介绍。

1）低压侧接触器的作用。普通接触器可频繁通断动力设备，并可以提供较大的开断电流，接触器常与继电器进行组合使用来实现对电机的启停等控制功能，这里的继电器不仅指热继电器，也包括各种中间继电器等。电容切换接触器则用于通断并联的电容器中。

2）低压侧接触器的工作原理。普通接触器主要由主线圈、常开触点、常闭触点、灭弧线圈等组成，其中外围信号通过二次控制回路，控制线圈的得电与失电，进而接通主触点，辅助触点的常开触点、常闭触点也相应进行动作，即通电后常开触点及常闭触点均由保持状态反向动作。电容切换接触器由充电抑制涌流装置和普通交流接触器组成，如图 4-41 所示（见文前彩插），后侧为交流接触器，前部凸出的部分则是充电抑制涌流装置。

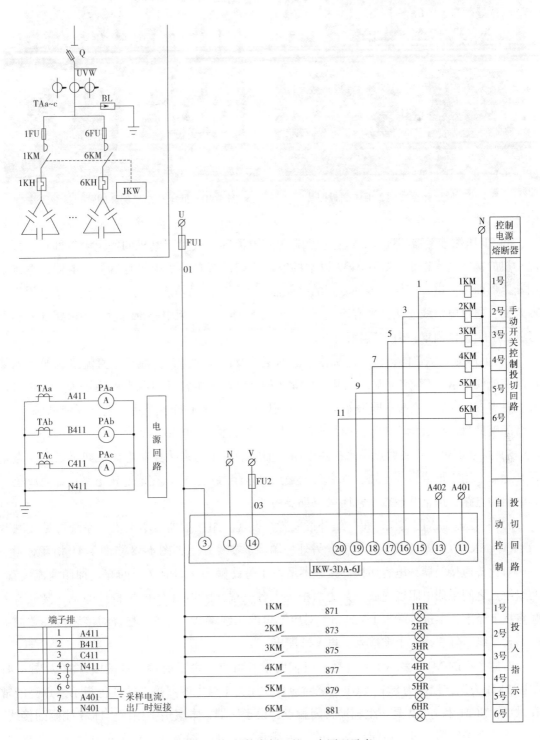

图 4-38　低压补偿案例 2 的二次原理示意 2

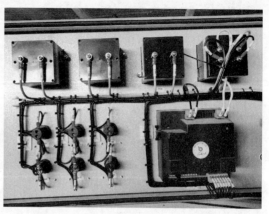

图 4-39　低压补偿案例 2 柜体面板照片　　　　图 4-40　低压补偿案例 2 的背板接线照片

3）低压侧接触器的选择。选择接触器额定电流等于或大于电机的额定电流即可，如果电动机的额定功率很小，如 0.5kW 以下的电动机则没有必要采用接触器与继电器，直接采用断路器即可。电容切换有多种专用的接触器，各厂家产品功能大同小异，大多接触器为积木式的，通过电阻线连接；也有产品制作为一个整体，将电阻电路部分设于主电路部分的上方，加一个整体面罩，但实质相似。

4）低压侧接触器的标注。需标注产品的型号及设计序号，交流还是直流接触器（如某产品交流代号 A），额定电流，主触点数量（如某产品 3 组常开主触点即表示为 30，3 组常开主触点、1 组常闭主触点即表示为 31），辅助触点数量（如某产品 1 组常开辅助触点、1 组常闭辅助触点即表示为 11），如某产品的接触器标注：A30-30-11。

5）接触器触点。主触点用来接主电路，辅助触点则用来接控制电路。如果辅助触点是常开触点，用来形成自锁电路；如果辅助触点是常闭触点，可以完成互锁电路；如完成星三角的启动电路，那常开触点及常闭触点都要用到。

6）补偿侧二次图实操。每一组补偿装置均设置一组接触器，本案例中系统可见接触器为 1KM～6KM，一端连接至控制器，另外一端接于零线 N 上，图 4-38 与图 4-41 相互对应。

对比普通接触器，电容切换的接触器增设了旁路触头，即前文说的充电抑制涌流装置，两组触点之间采用电阻线连通，共为六根上下各三根，图 4-41 中的黑色线即是。接触器主触点从上至下，上进线端为 1、3、5，对应下口的出线端 2、4、6，与普通接触器一致，主回路黄、绿、红三线，上端接入，再下端配出。

右侧旁边的 NO13 和 NO14 就是一组辅助常开触点，设于前端，系统图 4-38 及图 4-41 中以 1KM 为例，接线为 871 及 01 与之对应，作用为 1 号电容器投入的红色指示灯点亮的常开触点；NC21 和 NC22 是一组辅助常闭触点，设于后端，本案例中预留。1KM 线圈的接线，一端连接至控制器，可见后端标注 1 的白色线套，另外一端为其右侧的标注 N 线的白色线套，为接触器之间串接共用的二次回路 N 线。

7）充电抑制涌流装置工作原理。当主回路接通后，旁路触头内通过保持闭合状态的铁芯先导通，接通上下的电阻线，通过电阻完成抑制初始涌流的作用，初始涌流会快速衰退，接通接触器的主回路触点，铁芯随后断开，完成电容器的投入。切断电容器主回路后，铁芯会自动复位，等待下次的电容器投入。

（3）热继电器的接线。

1）热继电器的作用。由于电动机的控制需要接触器，自然也就配套使用了热继电器，主要用于过电流的保护，与断路器的过载保护类似，但热继电器更加快速和敏感，可以更好地保护电动机，且由于热继电器的额定电流是一个范围，热继电器值可调，这也是普通微型断路器所不具备的功能。

2）热继电器的控制原理。设置于电机的回路中与接触器配合使用，当电机因为过载、过热等情况电流增大，二次控制回路中的热继电器常闭触点打开，使接触器的线圈失电，进而实现对主回路的断开功能。

3）热继电器的选择。热继电器的电流范围可为电机额定电流的 0.95 ~ 1.05 倍，其动作电流的最小值是需要小于电动机的额定电流的，不能大于电动机的额定电流。

4）热继电器的标注。需标注产品型号及设计序号、种类，如热继电器一般标注带有 R（如后文的 FR，各产品不同），额定电流 In，热脱扣器整定范围，热继电器的级数 2 ~ 3（也有产品单相表示为 D），是否带有断相保护（断相保护常用于三相电机发生缺相的保护，可表示为 D），如＊＊＊R-19/3D（13 ~ 19A）。

5）热继电器的接线。由图 4-42 可见，主回路上从上到下依次为 3P 的熔断器、接触器及热继电器，热继电器为最下方的黑色设备，各主电源均为上进下出，本图不参与二次图的联锁，不做详细介绍，仅注意一次侧的连线示意即可。

图 4-42　低压补偿案例 2 热继电器接线照片

6）电容补偿中的热继电器的使用。是否用于电容器的保护，这一点是有一定争议的，所以这里专门引用了两个案例予以分辨。电容器本身不存在过载的可能性，规范要求当采用的交流接触器具有限制涌流功能和电容器柜有谐波超值保护时，可不装设相应的限流线圈和热继电器，所以案例一中设有电抗器的限流线圈，而未设热继电器，而在案例二中正好相反，设置了热继电器，而未设置电抗器，可以理解为接触器不具有限制涌流功能，为消除谐波的影响而分别设置电抗器或热继电器，作用是一样的。

（4）电流互感器的接线。如图 4-43 所示，电流表与系统相互对应，电流表接线为 A411、B411、C411、中性点连接 N411，对应端子排上端的接线，图 4-44 则是端子排下端的接线，以方便联络电流表，配出至互感器，图 4-44 中可见电流互感器的 A411、B411、C411、中性点连接 N411，其中 N411 采用了链接，与系统示意一致。

（5）端子排接线。通过低压补偿柜的介绍，将低压端子排一并介绍，各柜体差别不大。

图 4-43　低压补偿案例 2 电流互感器
接线照片

1）低压端子排介绍。接线排分上下两排，都有孔可以插入导线，如图 4-44 所示，中间部分还可以插入连接片，采用螺丝紧固、松开，作用就是杜绝了导线频繁断开、连接打开带来的虚接可能，与综合布线的跳线如出一辙，用端子把二次侧连线在此完成过渡，连接且可以随时断开，省去了焊接、铰接的手续，非常适合大量的信号导线使用，因为一次线路普遍简单，数量少，接线完成后，便不会再次打开，除非更换设备。

端子排种类很多，有单层的、双层的、电流的、电压的等，需要用足够的压接面积

图 4-44　低压柜端子排接线照片

来保证可靠的接触面，以及保证能通过足够的电流，所以接线端子又称接线排。

2）图 4-38 中左下角的端子排 4～6 触点采用连接片，如图 4-44 所示，实际接线可见横跨三个端子的连接片，经过螺丝固定及导通，故端子排上方仅需 4 号端子点 N411 接入即可，下端则分配出三根 N411，为电流表的共 N 线，6 号端子点则有接地线示意，与连接片导通，为电流互感器的 N 线接地示意，图 4-44 中黄绿色（图中上端右起第 3 根线）接地线即是；1～3 号端子点为 A411、B411、C411，为电流互感器跳线；N401 及 A401 为采样电流用，占用 7、8 端子点，图 4-38 中注明了出厂需要短接，即出厂后需要下端设置短接线。

（6）二次侧的保护。通过低压补偿柜的介绍，将低压二次回路保护一并介绍，各柜体参照对比。

1）二次侧熔断器选择注意事项。熔断器的动作时间应小于继电保护装置的动作时间，

这样仪表回路短路时，熔断器先动作，而不致引起继电保护装置的误动作。

2）由图 4-45 可见设有四个熔断器，通过其保护二次侧，与一次侧类似。在三相电的相序中，在二次侧采用 U、V、W，分别对应一次侧的 A、B、C 三相，也是为了避免一次侧与二次侧电压发生混淆。

图 4-45　二次侧熔断器打开照片

第一只熔断器保护在二次侧的端头，编号为 01，U 相，作用为保护整个二次系统，与图 4-38 可以对应。第二只熔断器系统中设于无功补偿控制器，编号 03，V 相，作用为保护无功补偿控制器的供电安全。第三及第四只熔断器设于无功功率表的两端（图 4-37），因为采用两相测量，即 V 相及 W 相，则保护同时设于 V 相及 W 相，线号分别为 49 及 61。

3）二次侧熔断器打开照片。二次图中一般用 FU 表达二次侧熔断器，如果设有多个二次回路，则会设有多只熔断器，如本案例中的 FU1，以此类推。二次侧的熔断器与电子回路中的保险管类似，通过拔插进行更换，如图 4-45 所示，打开扣盖内部可见熔断体，可以进行更换，上下方接线均不用移除。

4.5　有源滤波器 APF 二次原理

1. 滤波器基本要求

（1）滤波原理。有源滤波器是通过外部电流互感器，实时检测负载电流，通过处理器计算，提取出负载电流的谐波成分，然后信号发送给内设的逆变器，控制逆变器产生一个和负载谐波大小相等、方向相反的电流，反向注入供电回路中，用以抵消谐波电流，从而实现滤波功能。

（2）装设场合。当系统中有医疗设备如核磁共振、CT 机、X 光机等，或有智能调光照明、变频空调、变频电梯、舞台机械、数据机房和大量计算机时，这些设备在运行过程中会产生大量的高次谐波，对配电系统造成一定的干扰，需要选用有源滤波设备。

2. 设置位置及要求

（1）有源滤波设备可以设置在低压母线侧或末端设备处。采样主要设备仍是电流互感器，外部电流互感器CT安装于机柜外部，为用户端CT，一般由用户提供。根据母排实际尺寸选用电流互感器；外接电流互感器的精度要求在0.5级（闭口）或者0.2级（开口）以上（开口式电流互感器是指安装和拆卸都不用移动被测量的缆线，闭口式电流互感器是指安装和拆卸都需要先拆掉被测量母线后，才能进行安装或拆卸）；一般选择变比与进线柜电流互感器一致；二次侧须保证可靠接地。

（2）APF与SVG的区别。APF包含动态监控、抑制谐波、补偿无功等功能的装置，以电流A为额定值。SVG即为前文介绍的静态无功补偿装置，通过电抗器、电容器并联到电网中，吸收或者发出无功功率，实现无功补偿的目的，以功率kvar为额定值。配置要求：两设备可参考换算关系1kvar≈1.5A进行对比更换或是初装（参考相关科技产品要求）。

（3）一次图又分为设计院画法和盘厂画法，图4-46、图4-47所示为设计院的画法，意图表达电流互感器的设置位置以及加装滤波装置的设计要求。而由盘厂提供的一次图如图4-48、图4-49所示，二者区别为电流互感器设置的位置不同，在低压进线侧装设时，互感器设于外部电流互感器CT之后，而设置于负载侧时，则电流信号取自设备回路的出线端电流互感器CT。多模块采样电网侧时，必须加装一套装置CT与电网侧外部CT反并联做减法，单模块方案时，可不配置装置CT；采样CT安装负载侧时，不管是单个模块还是多个模块，只需要一套CT即可。

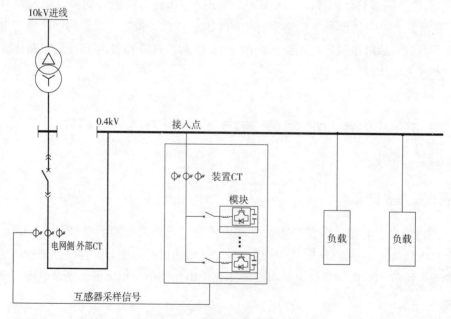

图4-46 设于低压母线侧滤波器示意图

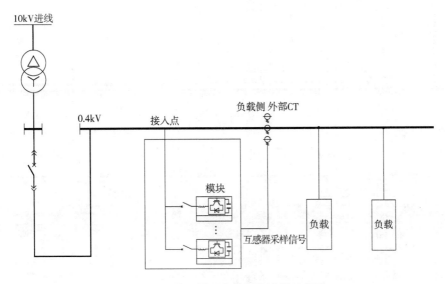

图 4-47　设于低压出线侧滤波器示意图

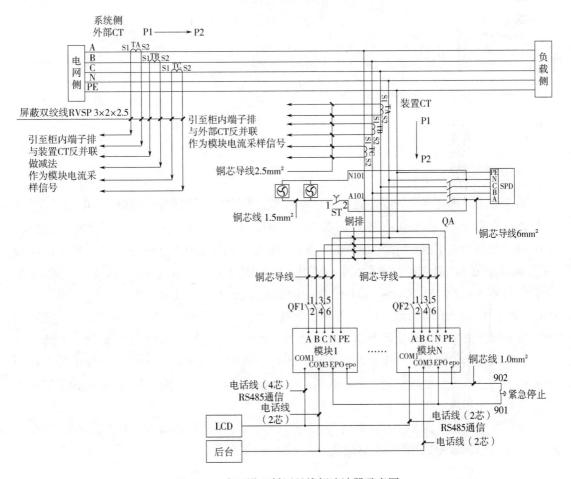

图 4-48　盘厂设于低压母线侧滤波器示意图

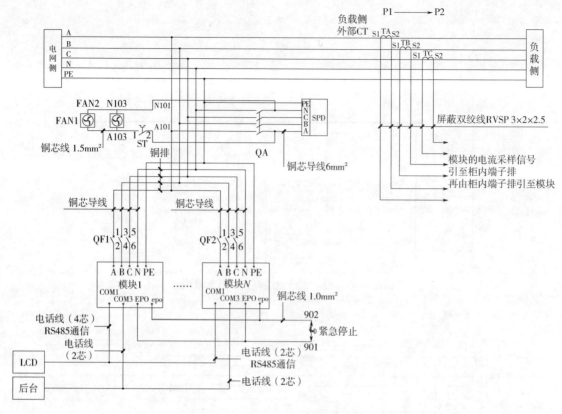

图 4-49   盘厂设于低压出线侧滤波器示意图

3. 容量估算

由于无法准确计算出非线性设备的功率容量，如设置在低压母线侧时，可以按照 630A 及以下变压器选用 30A 的有源滤波设备，1000kVA 变压器选用 60A 的有源滤波设备，2000kVA 变压器选用 100A 的有源滤波设备进行预估；也可以按照 $I = S \times 15\% \times K_1 \times K_2$（摘自"美国电气"产品样本）进行估算，其中 I 为谐波电流，S 为变压器额定容量，K_1 为变压器负荷率，K_2 为补偿系数。如商住楼、酒店等一般无特殊干扰的项目，K_2 可取 0.5 ~ 0.8；如普通写字楼、大型商业等中等偏少干扰的项目，指电子计算机、变频空调、变频电梯、电子节能灯、UPS/EPS 等非线性负荷使用相对偏少的建筑，K_2 可取 0.8 ~ 1.2；如智能大楼、体育场馆、剧场、电视台演播大厅、银行数据中心以及一般工厂企业等中等干扰项目，指电子计算机、变频空调、变频电梯、电子节能灯、UPS/EPS、可控硅调光设备等非线性负荷普遍使用的建筑，K_2 可取 1.2 ~ 1.5。

变压器额定容量为 $S = 1600kVA$，负荷率为 0.8，补偿系数 K_2 取 1，则 $I = 1600 \times 15\% \times 0.8 \times 1 = 192A$，取整选择 200A 有源滤波设备。

4. 二次接线

（1）电流互感器 CT 二次侧须保证可靠接地，但电流互感器也不应多点接地，只允许一个接地点，若电流互感器已就近接地，则此处无需再增加接地线。如图 4-50 所示，端子排中各电流互感器（如内外均有）为串接，外部互感器 S1 端接下内部互感器的 S2 端，外部电流互感的 S2 端继续至内部电流互感器的 S1 端，以此类推，各相内部的电流互感器 S1 端接地均至一点。

与图 4-51 可以对应，上方六根白色线标的为三相电流互感器的 S1 及 S2 端，下方对应第一组三相模块的 S1 及 S2 端，端子排右上方 8、10、12、13 则是接地线，照片仅示意两根，其实一根也够，因为可见贯通的连接片示意，内部也已经联结。

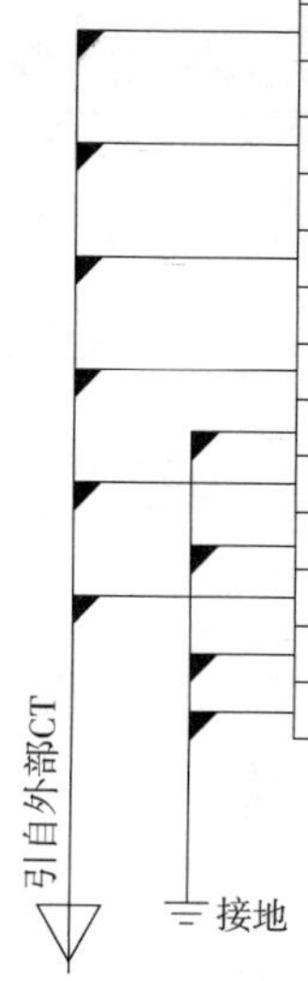

XT1　电流回路			
A相外部CT的S1端	1	A401	模块1：IA
	2	A412	A相装置CT的S2端
B相外部CT的S1端	3	B401	模块1：IB
	4	B412	B相装置CT的S2端
C相外部CT的S1端	5	C401	模块1：IC
	6	C412	C相装置CT的S2端
A相外部CT的S2端	7	A402	模块N：Ia
	8	A411	A相装置CT的S1端
B相外部CT的S2端	9	B402	模块N：Ib
	10	B411	B相装置CT的S1端
C相外部CT的S2端	11	C402	模块N：Ic
	12	C411	C相装置CT的S1端
	13	PE	

引自外部CT　接地

图 4-50　有源滤波柜端子排接线示意

（2）多模块并机时，每一组模块就是一个抽屉柜，APF 的各模块 CT 线缆同样依次串联，如图 4-52 所示，模块 1 中信号由 XT1、XT3、XT5 的上级电流互感器 CT 采样引来，通过引线 A401、B401、C401 至模块 1 的接线上端 IA、IB、IC，模块 1 的接线下端 Ia、Ib、Ic，通过引线 A403、B403、C403 至模块 2 接线上端 IA、IB、IC，之后依次类推。

（3）紧急启停线，图 4-52 中线号为 901 及 902，一次图及二次图起始端都可见为 SBW，即为功能简写，设备名称可见模块 1 的接线上端 EPO，接线下端名称为 epo，其串接于 21、22 端子按钮上，二次图中示意为常闭触点，功能为给信号断开。但需要注意的是，各模块的接线上端 EPO，接线下端 epo 均为并联，而非串联，也好理解，只要有一组

图 4-51　有源滤波柜端子排
接线照片

模块故障，常闭触点就会打开，紧急停止滤波器的投入，多数故障同样来自于短路。

通常 2 个以上模块柜子需装 2 只风扇, 系统右下部分 (图 4-52) 即是, 风扇通过温控开关 ST 进行控制, 当环境温度达到 45℃时, 温控开关闭合, 风扇启动。

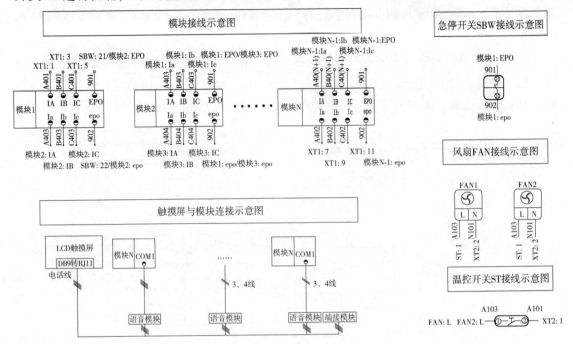

图 4-52　有源滤波柜模块间接线示意

(4) 其余接线如图 4-53 及图 4-54 所示, 状态指示灯 CAP 设于信号接口侧的最右侧, 与系统无关, 仅是设备电源情况的一种显示。COM1 设于设备左端, 至柜面 LCD 显示屏的信号线接口, 模块间同为并接, 旁边还有 COM3 端口, 为 RS485 总线, 本案例中不涉及, 故没有介绍, 两个端口右侧还有一个 ETH 接口, 从缩写也可以看出为联网用的端口, 如是单机管理, 同样不涉及。

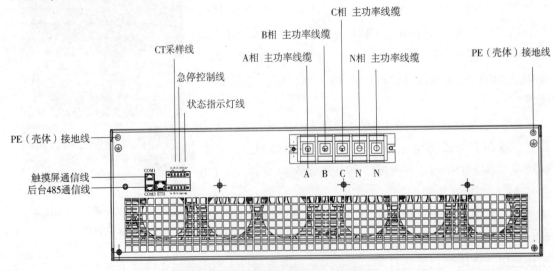

图 4-53　有源滤波柜模块抽屉接线示意

（5）主电源侧接线如图4-55所示，由系统可知，如是 TN-S 或 TN-C-S 系统负载侧，均应将 N 线与 PE 线明显分开，本案例中为 TN-C-S 电源侧，PEN 为同一母排，故图4-55 中除了 A、B、C 三相的红绿黄母线，N 线与 PE 线为同一母排，均接入 N 母线上。

图4-54 有源滤波柜模块信号
侧接线照片

图4-55 有源滤波柜模块电源
侧接线照片

4.6 低压双电源进户二次原理

1. 适用场所

这种供电方式多见于：柴油发电机作为第二路备用电源时的重要负荷；或是为消防负荷末端互投；再或是为普通一级负荷供电时的要求，如图4-56 所示案例为一级负荷供电，可见有双电源进户，也有配出回路。

2. 主要设备及二次原理

如图4-56 所示，一次侧设有进线开关一对，双电源互投开关一只，电流电压的计量仪表设置如下。

（1）电流计量。三相低压补偿二次原理示意，进线处设三相电流互感器一组，出线回路为三相电机设备，如为空调和电动机，三相电流平衡，则仅设置一组单相电流互感器。由于本案例并非总配，从造价考虑，可不采用多功能电能仪表，主进部分采用三相电流表中间电流表，一次系统及二次原理示意了三组出线，出线开关则采用了单相电流表，见右下侧电流表。

（2）电压计量。如图4-56 左下侧图，采用前文介绍的转换开关，本案例中型号采用 LW5-16，三相均设置熔断器 FU7 ~ FU9，为 VK 转换开关进行保护。之后为 VK，由万能转

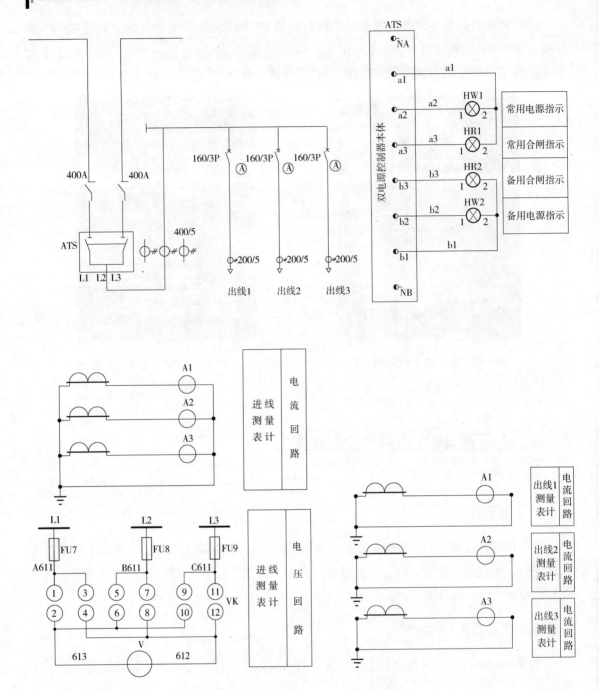

图 4-56 双电互投机构一次及二次原理示意

换开关引出端至电压表，在接线图的下侧，其中 VK2、6、10 均接于一点，VK4、8、12 均接于一点，在转换开关内完成跳线，进行各种相间电压的选择，前文有述。

（3）万能转换开关的接线。是用于不频繁接通与断开的电路，实现换接电源和负载，是一种多档式、控制多回路的主令电器。转换开关由转轴、凸轮、触点座、定位机构、螺杆和手柄等组成。当将手柄转动到不同的档位时，转轴带着凸轮随之转动，使一些触头接通，另一些触头断开。适用于交流 50Hz、380V，直流 220V 及以下的电源引入，5kW 以下小容量电动机的直接启动，电动机的正、反转控制及照明控制的电路中，但每小时的转换次数不宜超过 15 次。

如图 4-58 所示，测量电压的转换开关分为：位置 0 为非测量位（原始位），90°为 UAB 的相电压档位，180°为 UBC 的相电压档位。

前文已经叙述接线特点，这里不再赘述，背板接线如图 4-58 所示，左侧两线为并联去电压表的两根计量线，右侧三根线为采样电源侧的三相电压信号线。

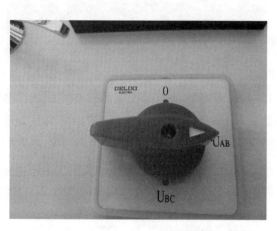 

图 4-57　LW5-16 万能转换开关盘面照片　　　　图 4-58　LW5-16 万能转换开关
　　　　　　　　　　　　　　　　　　　　　　　　　　　背板接线照片

3. 双电源互投开关的原理

（1）如图 4-59 所示，本案例为施耐德产品示意（因产品不同而异），可见互投装置信号端有六根引出线，分别为常用电源指示 HW1，常用合闸指示 HR1，备用合闸指示 HR2，备用电源指示 HW2 等四根线，另外两根线为相应的回流线，系统中 ATS 上 a1 及 b1 为主用、备用接零（图 4-56 中未见），图 4-59 中为 7 号线示意，采用了一点接零，不同型号接零不同，多见主用、备用分别接零。

（2）双电源互投装置在柜门上设有相应指示灯，分别为正常与备用的电源及分合闸指示灯，如图 4-60 所示，与系统是一致的，占用的接线为 1～6 号端子点，也是常规的双电源互投的二次侧线路。

（3）双电源互投柜门上的正常与备用的指示灯如图 4-61 所示，两只为电源白色指示灯 HW1、2，另外两只为合闸指示灯

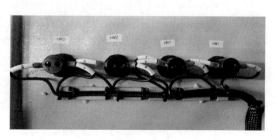

图 4-59　双电源互投开关二次接线照片
（施耐德万高产品）

HR1、2。

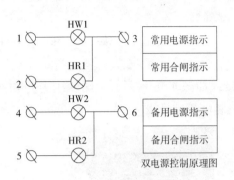

双电源控制原理图

图 4-60 双电互投机构指示灯接线示意

图 4-61 双电源互投开关盘面指示照片

（4）图 4-62、表 4-1 为互投开关（引自施耐德万高双电源互投产品样本）的 A 型控制器的拨码开关示意，各品牌多也设有，功能有所增减，可见 H1 ~ H4 指示灯与系统中的 HW1、HR1、HW2、HR2 相互对应。状态是通过一种组合式编码进行设定，1 ~ 8 个开关位，每个位置均有 ON 及 OFF，从而形成不同的指令要求。自投自复最多见，则 K1、K2 为关闭，延时按要求进行设定，如应急照明的启动时间不超过 5s，则是 K3、K4 为关闭，K5 为打开状态，返回的延时时间可与启动时间一致，如 K6、K7 为关闭，K8 为打开状态。

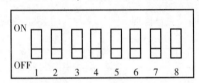

图 4-62 施耐德双电源互投的参数拨码开关示意

表 4-1 施耐德双电源互投 A 型控制器参数

工作状态设置			转换延时设置				返回延时设置			
K1	K2	工作状态	K3	K4	K5	延时时间/s	K6	K7	K8	延时时间/s
OFF	OFF	自投自复	OFF	OFF	OFF	0	OFF	OFF	OFF	0
OFF	ON	互为备用	OFF	OFF	ON	5	OFF	OFF	ON	5
ON	ON	自投不自复	OFF	ON	ON	15	OFF	ON	ON	15
			ON	ON	ON	30	ON	ON	ON	30

注:
☐ H1指示灯：常亮，常用电源正常；闪亮，常用电源故障。
☐ H2指示灯：常亮，备用电源正常；闪亮，备用电源故障。
☐ H3指示灯：灯亮，常用电源闭合。
☐ H4指示灯：灯亮，备用电源闭合。
☐ H5灯：灯亮，常用电过流保护（仅对NS执行断路器型开关）。
☐ H6灯：灯亮，备用电过流保护（仅对NS执行断路器型开关）。

4. 双电源进线常见问题

（1）当电力恢复后，一般不会立即转换为原主用电源，需要在常用电源恢复正常一定时间后再进行切换，规范建议的复位时间为 5～30min。

（2）双电源进线开关多为 4P 型，采用断路器搭配时，如采用了 3P 开关，则无法完成 PC 级 4P 双电源互投装置的动作要求，如图 4-63 所示，需要设置零线接线端子，弥补 3P 开关的缺陷，但此处 N 线虽然常规不存在电流，但显然也不受保护，故设计时需要注意尽量避免 3P 断路器的出现。

图 4-63 双电源互投采用 3P 开关时做法照片

（3）开关的附件示意，同上，INT125 为双电源的隔离开关，可拼加 NO/NF 附件，用来指示隔离开关的合分状态，如图 4-56 所示，U1、W1、V1 等信号线及系统中电压计量二次侧的信号来源，在系统中标号为 A611、B611、C611。

第5章 低压末端二次原理图设计实操

5.1 低压末端电气二次控制原理图概述

1. 概述

低压末端二次原理图设计是本书的重点。当下，高压配电及低压出线等二次原理多为供电单位负责设计，而低压末端二次原理是需要施工图设计直接掌握和应用的部分，目前看，时效性更好，但也确实相对简单。

2. 基本概念

电气二次控制原理图简称为二次图。二次元器件用来实现对一次侧电气主回路控制、监测、保护等功能。二次图用来表示二次控制回路各种元器件之间的工作关系和功能控制的原理，分为自上而下展开式和自左向右展开式两种，所有元器件图纸中所处位置均为不受电时保持的状态。

3. 设计要求

电气二次控制原理图并不是真正的弱电系统，民用建筑电气低压二次图的工作电压一般为 AC 220V，但基于二次原理图为一次配电主回路的控制部分而非供电部分；从控制的角度与楼控、自控、消防控制、灯控等系统又多有关联；且电气二次控制原理图中如软启动器、变频器、CPS 等控制设备均设有弱电接口；除此之外，原理图中接触器、继电器线圈对触点控制多为直流操作，信号返回也为直流方式。综合上述考虑，二次原理是基于强电与弱电之间成体系的知识内容。规范出处在《建筑工程设计文件编制深度规定》中"对有控制要求的回路应提供控制原理图或控制要求"。

4. 施工图设计的要求和现状

（1）要求。在电气施工图设计时一般采用两种处理方式：①按照设备需要实现的功能编辑逻辑控制图，然后根据逻辑控制图绘制电气二次原理图；②根据设备功能要求引用国家及地区现行实施的电气图集相关部分内容。

（2）现状。一方面，由于目前建筑电气技术的发快速展，涌现出各种电气控制原件和控制方式，使国标、地标图集在引用中无法做到所有功能的全面涵盖，所以对于新的设备和功能，设计师必须自己完成二次原理图。另一方面，在过去的十几年中，随着配电箱厂家的业务拓展，目前多数项目的二次图设计都是由配电箱厂家深化或直接绘制的，导致设计单位的二次图设计水平日渐下降和被边缘化，入行不久的设计师在设计中由于缺乏基础的指导而出现了概念不清或是引用不当的问题。所以在本章中将对目前比较常用的几种控制原理图进行介绍，由浅及深地让读者理解二次图的逻辑设计方式。

5. 几种常规简单逻辑控制原理

目前最常引用的电气控制电路图集是国家建筑标准设计图集 16D303-2～3《常用电机控制电路图》（未来还会不断推出新版，但控制部分的核心基本不会有大的变动）。在该图集中关于风机和水泵方面的方案较为复杂，并且由于逻辑关系没有文字表述，对于初学者来说理解有一定的难度，本章就对这几种常规的控制原理进行介绍，仅是逻辑性的一种思想启发，目的是使设计人员可举一反三，可按具体要求进行拼凑和组合。

5.2　风机的控制原理

1. 新风机等普通风机的控制原理

各种普通单速的电机控制原理目前常见的有新风机、冷却塔、新风机组、排风机等，以新风机的控制原理图为例，如图 5-1 所示，一次图设置断路器、接触器、热继电器，负荷容量一般小于 1kW，且无控制要求时，建议采用断路器直接开断。常规控制逻辑如下。

（1）手动启停。HK 转换开关打在手动操作位置时，接通 HK：11～12 触点（图 5-1 均为盘厂示例，所以为了尊重盘厂的习惯标注，有的采用了 SA 作为转换开关示意，有的则采用 HK 作为转换开关示意，实际设计中均可）。手动控制状态下按下启动按钮 SB1，使线圈 KM 得电，常开触点 KM 闭合，其常开触点闭合取代了按钮的作用，SB1 复位，常开触点 KM 保持闭合状态，被称为自锁功能，启动风机。停止时按下停止按钮 SB2，使线圈 KM 失电，常开触点 KM 打开，停止风机，SB2 复位，相应的分闸绿色指示灯 HG 点亮。

（2）自动控制。自动控制状态下，转换开关 HK 打在自动操作位置时，接通 HK：13～14 触点。遥控 BA 信号接至中间继电器 KA，继电器的常开触点串联于断路器的分励脱扣线圈回路中，使远控常开触点 KA 闭合，进而使 KM 线圈得电，启动风机。

（3）信号指示灯。未启动时，分闸指示回路 KM 常闭触点保持闭合，回路为得电状态，分闸绿色指示灯 HG 点亮；启动后，分闸指示回路 KM 常闭触点打开，回路为失电状态，分闸绿色指示灯 HG 点亮。同理，未启动时，合闸指示回路 KM 常开触点保持打开，回路为失

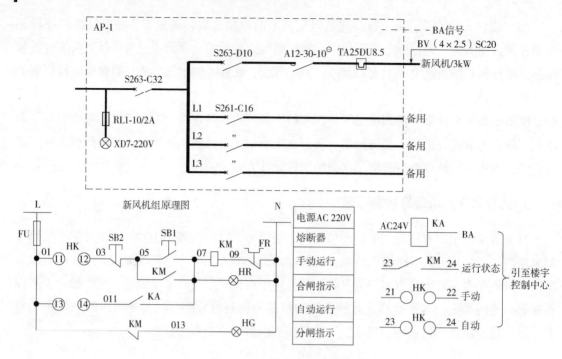

图 5-1　新风机控制原理示意

电状态，合闸红色指示灯 HR 熄灭；启动后，合闸指示回路 KM 常开触点闭合，回路为得电状态，合闸红色指示灯 HR 点亮。

（4）热继电器 FR 用于过载保护。由于普通电机允许动作，所以热继电器 FR 动作后，无论手动回路还是自动回路，全部断开，KM 线圈失电，电机停止运行，分闸指示回路 KM 常闭触点打开，回路为失电状态，分闸绿色指示灯 HG 点亮。

（5）外放回路。案例中 23～24 端子为 KM 常开触点，为正常运行外放回路，通过端子排外引，得电后常开触点闭合，确认电机运行中。HK：21～22 触点、HK：23～24 触点为转换开关的信号外放，给远方（如楼控系统）传递转换开关的状态位置。

（6）风机间联锁。风机间多存有联锁运行的要求，如新风机与排风机的联锁启动，排烟风机与补风机的联动。再如各种传感器的联锁，如温度、湿度、CO、CO_2、有毒气体、可燃气体等，依据具体设备要求设定，但原理相似。本案例为新风机与排风机的相互联锁，启动与普通风机并无不同，不再赘述，不同点为一次图中会有联锁的相应要求，又基于各种联锁关系都相对紧急，二次图中会设有跨过转换开关的联锁点外放接点，如图 5-2 虚线所示。

2. 普通排烟单速风机的控制原理

各种消防单速的电机控制原理目前常见的有排烟风机、平时排风兼消防排烟、平时送风兼消防补风、空调新风兼消防补风等，以排烟风机的控制原理图为例，如图 5-3 所示，常规的控制逻辑如下。

───────────

㊀ 一次图习惯标注产品型号，二次原理图则相对应标注为 KM（接触器）、FR（热继电器）等，侧重功能说明。

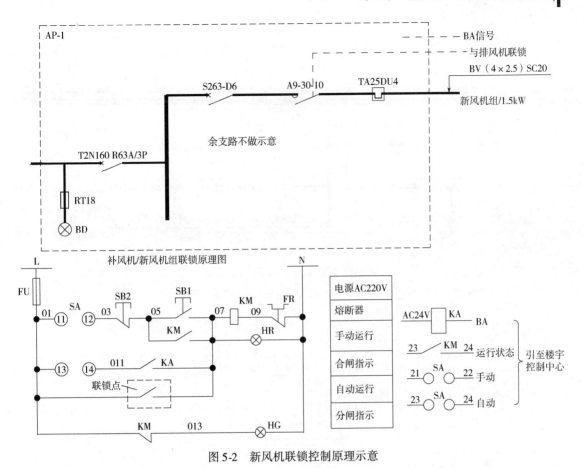

图 5-2　新风机联锁控制原理示意

（1）手动启停。转换开关 HK 打在手动操作位置时，接通 HK：11~12 触点。手动控制状态下按下按钮 SB1，使线圈 KM 得电，常开触点 KM 闭合，完成自锁，启动风机。停止时按下停止按钮 SB2，使线圈 KM 失电，常开触点 KM 打开，停止风机，SB2 复位。

排烟防火阀 YF 也为熔断阀，到达 280℃后会熔断，YF 常闭触点打开，断开 KM 线圈电源，进而主电路关闭风机。

（2）应急启停。常闭触点 KA3 为应急状态下停止风机功能，如需要紧急停止风机，设中间继电器 KA3，则发出远方指令后，KA3 线圈得电，常闭触点 KA3 打开断开主回路，风机停止。同样消防直启情况下，设中间继电器 KA2，则发出远方指令后，KA2 线圈得电，常开触点 KA2 闭合，接通主回路，风机启动，需注意常开触点 KA2 是跨过转换开关直接得电启动风机，与转换开关位置并无关联。

（3）信号指示灯。未启动时，分闸指示回路 KM 常闭触点保持闭合，回路为得电状态，分闸绿色指示灯 HG 点亮；启动后，分闸指示回路 KM 常闭触点打开，回路为失电状态，分闸绿色指示灯 HG 点亮。同理未启动时，合闸指示回路 KM 常开触点保持打开，回路为失电状态，合闸红色指示灯 HR 熄灭；启动后，合闸指示回路 KM 常开触点闭合，回路为得电状态，合闸红色指示灯 HR 点亮。

（4）自动控制。自动控制状态下，HK 转换开关打在自动操作位置时，接通 HK：13~14

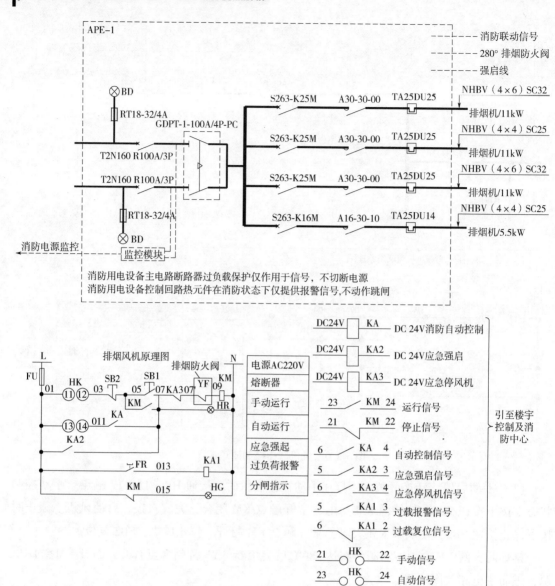

图 5-3　排烟单速风机控制原理示意

触点。消防联动信号通过控制模块接至中间继电器 KA，继电器的常开触点串联于断路器的分励脱扣线圈回路中，使远控常开触点 KA 闭合，进而使 KM 线圈得电，启动风机。

（5）热继电器 FR 为过载保护。由于消防电机不允许动作，只能报警，所以热继电器 FR 并不设于主回路上，其过载常开触点闭合后，KA1 线圈得电，不断开主回路，但通过外放的 KA1 常开触点返回报警信号，当故障解除，KA1 常开触点复位后，KA1 常闭触点闭合复位，送出外放信号。如需扩展过载报警指示，则增加一个 KA1 常开触点串联指示灯即可。

（6）外放回路。除了已经介绍的，案例中 23～24 端子为 KM 常开触点，为正常运行时的外放回路，得电后常开触点闭合，确认电机运行中。案例中 21～22 端子为 KM 常闭触点，为风机停止时的外放回路，得电后常闭触点打开，确认电机停止中，通过端子排外引。HK：

21~22 触点、HK：23~24 触点为转换开关的信号外放，给远方输出转换开关的位置信息。

（7）此方案消防直启线控制启停并且均有信号反馈，所以至少要配置 8 芯线；如按国标图集直启线仅作为启动及相应反馈，则最少配置 4 芯线即可。

（8）消防补风机的特点。与排烟风机控制原理相同，唯一不同之处，是消防补风机不与 280° 排烟阀联锁，故运行回路中不再设置排烟阀的常闭触点。

（9）加压送风机。如图 5-4 所示，加压送风机与消防补风机类似，不再具有排烟阀联锁的功能，且加压送风口多为自垂式，无需联动，二次图中也不涉及。当加压送风口为电动式，需要与风机联锁启动时，风口具体原理则可参见后文的阀门启动方式二。

控制风机通过消防控制模块及直启线来控制，着火层和相邻上下层的正压送风阀打开。与排烟风机不同，启动线圈 KM 得电后，在加压送风口段的 KM 常开触点闭合，风口阀门开启，同理需停止风机时，KM 线圈失电，在加压送风口段的 KM 常开触点打开，风口阀门关闭，默认位置即为关闭，风阀具体联动关系见后文风阀小节介绍。其余与排烟风机一致，不再罗列。需要注意一个细节，此处热继电器（FR）并没有出现在二次原理回路中，而是直接外放给消控中心，故二次原理图逻辑的具体表达仍然是由设计人依据工程情况来确定。

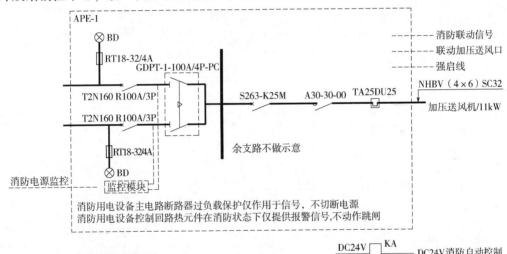

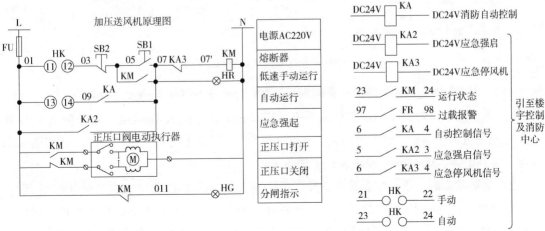

图 5-4 加压送风机控制原理示意

3. 消防兼平时两用双速的风机控制原理

低速运行时风机为星形接线，为了达到更高的转速在消防状态下为三角形接线，二次图可以拆分为两组电机来分别对待，多用于消防与平时兼用时，多增加了 BA 信号的自动控制，对平时使用的低速风机实现自动控制。本案例以排风兼排烟双速风机的控制原理图为例予以介绍，如图 5-5 所示。

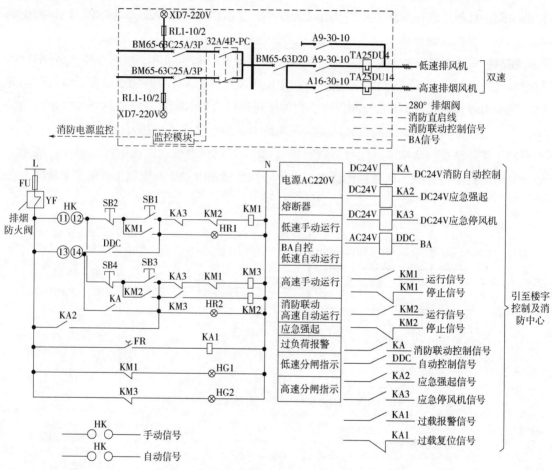

图 5-5　排风兼排烟双速风机控制原理图示意

（1）按钮启停。参见普通风机介绍即可，HK 转换开关打在手动操作位置。

1）非消防状态时，手动控制状态下按下按钮 SB1 使线圈 KM1 得电，常开触点 KM1 闭合，完成按钮 SB1 自锁，SB1 退出，启动低速风机。停止时按下停止按钮 SB2，使线圈 KM1 失电，常开触点 KM1 打开，SB2 复位，停止风机。

2）消防状态时，手动控制状态下按下按钮 SB3 使线圈 KM3 得电，常开触点 KM3 闭合，启动高速风机，同时 KM2 线圈得电，其常开触点闭合，完成 SB3 自锁，SB3 退出。同时常闭触点 KM2 打开，低速运行回路切断。停止时按下停止按钮 SB4，使线圈 KM3 失电，常开触点 KM3 打开，同时 KM2 线圈失电，其常开触点 KM2 打开，停止风机，主回路断开，SB4

退出。

3）排烟防火阀 YF 的设置位置做了调整，考虑到手动和自动两种模式均需被切断，故设于二次回路的干线侧到达 280℃后，熔断阀熔断，排烟防火阀 YF 常闭触点打开，断开二次电路，关闭风机。

（2）应急启停。如需要紧急停止风机，设中间继电器 KA3，发出远方指令后，KA3 线圈得电，无论在何位置，两处常闭触点 KA3 打开断开主回路，风机停止。同样消防直启情况下，设中间继电器 KA2，发出远方指令后，KA2 线圈得电，常开触点 KA2 闭合，接通主回路，风机启动，需注意常开触点 KA2 是跨过转换开关直接得电启动风机，与转换开关位置并无关联。

（3）信号指示灯。未启动时，分闸指示回路 KM1 常闭触点保持闭合，回路为得电状态，分闸绿色指示灯 HG1 点亮；启动后，分闸指示回路 KM1 常闭触点打开，回路为失电状态，分闸绿色指示灯 HG1 点亮，高速运行同理。未启动时，合闸指示回路 KM1 常开触点保持打开，回路为失电状态，合闸红色指示灯 HR1 熄灭；启动后，合闸指示回路 KM1 常开触点闭合，回路为得电状态，合闸红色指示灯 HR1 点亮，高速运行同理。也可仅设分闸指示灯 HG 一个，而不设常闭触点，这样简化设计的好处是节约触点及指示灯，如图 5-6 所示。

图 5-6　排风兼排烟双速风机仅设高速分闸指示灯示意

（4）自动控制。自动控制状态下，HK 转换开关打在自动操作位置时，接通 HK：13～14 触点。

1）消防联动信号通过模块接至中间继电器 KA，继电器的常开触点串联于断路器的分励脱扣线圈回路中，使远控常开触点 KA 闭合，进而使 KM3 线圈得电，启动高速风机。

2）同时与单一消防风机不同，平时使用时，需要考虑楼控信号 BA 的启动，二次图中可见继电器 DDC 的线圈，继电器 DDC 的常开触点串联于断路器的分励脱扣线圈回路中，BA 信号引来，DDC 继电器的线圈得电，常开触点 DDC 闭合，进而使 KM1 线圈得电，启动低速风机。

（5）热继电器 FR 用于过载保护。由于消防电机不允许动作，只能报警，所以热继电器 FR 并不设于主回路上，其过载常开点闭合后，KA1 线圈得电，不断开主回路，但通过外放的 KA1 常开触点返回报警信号，当故障解除，KA1 常开触点复位后，KA1 常闭触点闭合复位，送出外放信号。如需扩展过载报警指示，则增加一个 KA1 常开触点串联指示灯即可。

（6）外放回路。可参见消防风机中内容，不再赘述，案例中没有注明线号，但可见增设了外放的自动控制信号 DDC 返送。

5.3 风机的接线实操

1. 消防风机中间继电器接线

如图 5-7 所示，实际接线图中 101 为公用点，因系统仅有一台风机，故 n 这里为 1。这里采用 DRM270024LT 型中间继电器，共 8 个插脚，两常开两常闭触点在前面，后排上下各 3 个插脚，为对倒型接法，提供两组常开触点及常闭触点，其中下端右侧的两个插脚为 DC24V 电源，即消防报警控制系统的引来的控制线，当不需要远端供电时，则后接点用不到。中间继电器接线如图 5-8 所示。

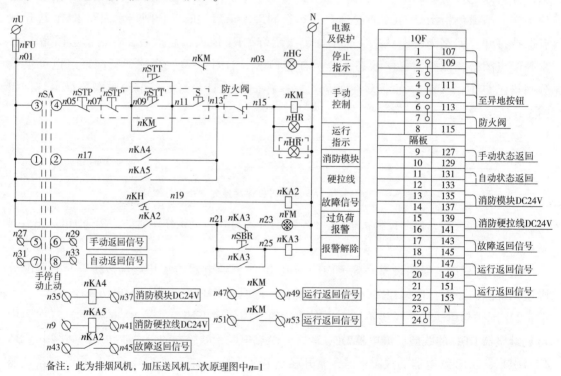

备注：此为排烟风机，加压送风机二次原理图中 n=1

图 5-7　排烟风机箱体盘厂系统附图示意

（1）中间继电器 1KA2 线圈接线，常开触点 143 及 145 为故障返回信号，图 5-8 中可见常开点在前排，119 及 N 则是故障信号，设于后排，121 及 101 为过负荷报警，同为常开触点，设于前排。

（2）中间继电器 1KA3 线圈接线，125 及 N 则是线圈触点，线圈设于后排，常闭触点 121 及 123 为过负荷报警信号，常开触点 121 及 125 为报警解除信号，均设于前排。

（3）中间继电器 1KA4 线圈接线，外接 135 及 137 为消防联动信号，同时为 DC24V 干接点供电，设于下端后排，线圈设于消防控制室，113 级 117 为消防联动信号常开触点，设于前排上下。

（4）中间继电器 1KA5 线圈接线，外接 139 及 141 为消防硬拉线信号，线圈设于消防控制室，设于下端后排，同时为 DC24V 干接点供电，113 及 101 为消防硬拉线常开触点，设于前排上下。

2. 消防风机接触器接线

如图 5-9 所示，接触器主触点在接触器后排，进线端多设于上端，有相序对应，对应下面的黑色出线端 2、4、6 即是主触点出线端，其前的白色接线端为辅助触点，可见 95、96 是 NC 常闭触点，97、98 是 NO 常开触点，主触点用来接主电路，辅助触点只能接控制电路。例如常见利用常开触点实现自锁电路，又如利用常闭触点可以接成互锁电路，而如果想接个星/三角，那常开、常闭也都要用到。

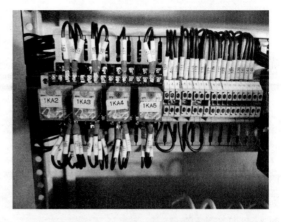

图 5-8　中间继电器接线照片

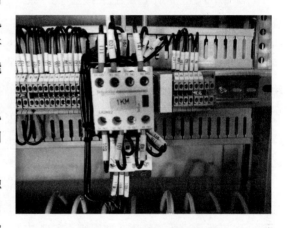

前面所见的施耐德 LADN22 并非接触器，只是各 2 位的常开、常闭触点辅助器；其没有线圈，只作为卡在接触器上联动增加辅助触点，其余品牌辅助触点亦同。

图 5-9　接触器接线照片

（1）接触器 1KM 线圈接线，常开触点 147 及 149、151 及 153 为运行返回信号，图 5-9 中可见常开触点在前排最右端，辅助常开触点设于前方，1KM 本体的常开触点于后排中段，103 及 101 为常闭触点，为前排左二上下插脚，图 5-7 中功能为停止运行的指示灯 1HG，109 及 111 为手动控制的启动常开触点，设于前排左一的上下两插脚。

（2）115 及 N 则是线圈侧接点，设于后排右侧端头，并有并接的同编号线，至端子排，图 5-1 可见是配线至 1HR 的运行指示灯。

（3）图 5-9 中拍摄不清晰部分为 LADN22 触点辅助器，两侧 4 个插脚为常开接点 NO，而中间 4 个插脚为常闭接点 NC（常开接点的符号是 NO，对应的英文字母 "open" 的首个字母 O，在不通电时处于常开状态的触点，称之为常开触点。常闭接点的符号是 NC，对应的英文字母 "close" 的首个字母 C）。

3. 万能转换开关实操原理

图 5-10 中转换开关以 SA 命名，与原理介绍中的 HK 为同一个器件，前文也说明了不同

的原因，只是叫法不同。

（1）图5-10中101及105接线点，系统（图5-7）可见为手动控制的3、4位置，负向45°位置。

（2）图5-10中131及133接线点，系统可见为自动控制时，给远端的手动控制信号，7、8位置。可见101及105接线点及131及133接线点均接在一个触点上。一个为现场，一个为远传，可见101在1、3位置有并点与系统对应。

图5-10　万能转换开关及按钮接线照片

（3）图5-10中101及117接线点，系统可见为自动控制的1、2位置，为正向45°位置。

（4）图5-10中127及129接线点，系统可见为手动控制时，给远端的手动控制信号，5、6位置。可见101及117接线点及127及129接线点。一个为现场，一个为远传。

4. 显示及按钮接线

由于无法拍清楚背板的全部接线，不清楚的部分需要读者自己揣测，也算是加深理解吧。万能转换开关及按钮、指示灯的正面照片如图5-11所示。

图5-11　万能转换开关及按钮、指示灯正面照片

（1）图5-10中105及107接线点，在图5-7中可见为1STP的停止按钮，按下，手动断开供电回路。

（2）图5-10中109及111接线点，在图5-7中可见为1STT的启动按钮，按下，手动接通供电回路。

（3）图5-10中121及125接线点，在图5-7中可见为1SBR的报警解除按钮，按下，手动接通供电回路。

5. 端子排接线

如图5-12所示。

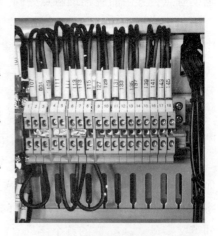

图5-12　端子排接线照片

（1）末端箱端子排设置原则。端子板上面分接线板号，就是端子板上注明的端子序号，如图5-12中的1～18号。可左右列排布，也可以按图5-12中的上下列排布，上方或是左边

代表配电柜内，即执行信号，如控制开关、接触器、继电器，互感器等。下列或右列为配出到柜外的设备，多为消防信号、自控信号、传感器信号等。线上编号则被称为线号，与二次系统图相互对应，端子上标号标准于端子排系统上，而线号则标注于线上。

接线端子排的单位是位，一个接线位就是一位。端子表就是接线端子的序号，这些序号在不同的运用场合有不同的定义。接端子数量分类有 2 位、3 位、4 位、6 位、12 位等，多于 12 位则多组端子排组合起来使用。按容量分则有 10A、20A、40A 等，需考虑二次侧的额定电流容量。

（2）图 5-7 与图 5-12 相互对应，可见 107 及 109 接线点，之后以此类推，直至 143 及 145 接线点，接线板号则由 1 至 18，并不是图 5-7 中的 23，由此可知还有另外一段端子排。

（3）需要另外注意一点，端子板接线图中忽略的接线号，均同上一个端子的接线号，不再另行表达，如图 5-12 中的 109 采用了连接跳线，图 5-7 中没有再表达 109，但是实际接线时没有表达的 109 仍需要压接。跳线则一览无余，与系统一致，为端子排中间的金属压条，利用螺丝紧入，其余的跳线亦同。

5.4　水泵的控制原理

水泵与风机最大的不同之处在于信号采集的不同，风机更多是远方的自控、消防等信号进行联动，而水泵则是压力传感器、液位仪、流量开关等信号，内涵其实是一样的。另外水泵多是一用一备及以上，而风机则多不存在备用一说，这也在控制的轮换上有了区别，所以水泵之间的逻辑关系要比风机相对复杂一些。

一用一备或是多用一备的设备的控制原理图主要注意备用设备如何自动投入，即互锁如何实现，设计思路是将单台设备的启停分别独立表达，尽量简化逻辑关系，轮换及互锁的部分另外表示，这样控制的逻辑就比较清晰。

1. 单台普通水泵的控制原理

最常见的就是排水泵，也有称为污水泵。不存在备用水泵的情况下，单台水泵与单台风机的控制差别不大，如图 5-13 所示。

（1）手动启停。HK 转换开关打在手动操作位置时，接通 HK：11 ~ 12 触点。手动控制状态下按下启动按钮 SB1，使线圈 KM 得电，常开触点 KM 闭合，其常开触点闭合取代了按钮的作用，SB1 复位，常开触点 KM 保持闭合状态，完成自锁功能，启动水泵。停止时按下停止按钮 SB2，使线圈 KM 失电，常开触点 KM 打开，停止水泵，SB2 复位，相应的分闸绿色指示灯 HG 点亮。

（2）自动控制。自动控制状态下，转换开关 HK 打在自动操作位置时，接通 HK：13 ~ 14 触点。

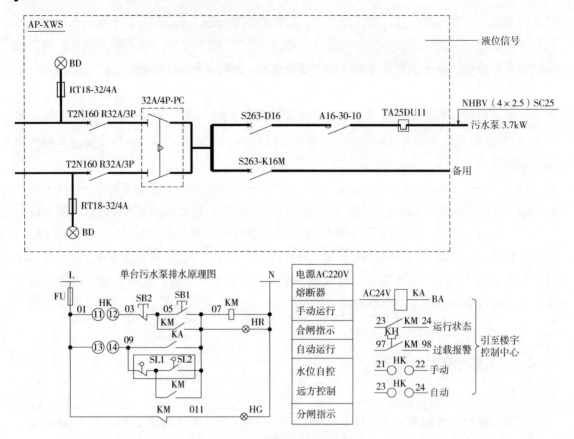

图 5-13 单台普通水泵控制原理示意

1）远程控制时，遥控 BA 信号接至中间继电器 KA，继电器的常开触点串联于断路器的分励脱扣线圈回路中，使远控常开触点 KA 闭合，进而使 KM 线圈得电，启动水泵。

2）就地控制时，低水位液位仪 SL2 为一个常开触点，当低水位报警，常开触点闭合，线路接通，进而使 KM 线圈得电，启动水泵。高水位液位仪 SL1 为一个常闭触点，当高水位报警，常闭触点打开，线路断开，进而使 KM 线圈失电，停止水泵。

（3）信号指示灯。未启动时，分闸指示回路 KM 常闭触点保持闭合，回路为得电状态，分闸绿色指示灯 HG 点亮；启动后，分闸指示回路 KM 常闭触点打开，回路为失电状态，分闸绿色指示灯 HG 点亮。同理未启动时，合闸指示回路 KM 常开触点保持打开，回路为失电状态，合闸红色指示灯 HR 熄灭；启动后，合闸指示回路 KM 常开触点闭合，回路为得电状态，合闸红色指示灯 HR 点亮。

（4）热继电器 FR 用于过载保护。由于普通电机允许动作，所以热继电器 FR 动作后，无论手动自动回路全部断开，KM 线圈失电，电机停止运行，分闸指示回路 KM 常闭触点打开，回路为失电状态，分闸绿色指示灯 HG 点亮。

（5）外放回路。案例中 23～24 端子为 KM 常开触点，为正常运行外放回路，通过端子排外引，得电后常开点闭合，确认电机运行中，HK：21～22 触点、HK：23～24 触点为转换开关的信号外放，给远方传送转换开关的位置信息。

2. 一用一备水泵

为了在设备检修或者维修的时候不停产而设备用水泵。污水泵分多种泵,不同泵的工作原理差别不大。2 台水泵的转换开关有 3 个位置,1 个自动、1 个手动、1 个零位,如图 5-14 所示,转换的原理如下。

(1) 手动控制。即 HK 转换开关手动档,手动控制状态下按下启动按钮 1SB1,使线圈 1KM 得电,运行指示常开触点 1KM 闭合,其常开触点闭合取代了按钮的作用,1SB1 复位,常开触点 1KM 保持闭合状态,完成自锁功能,启动水泵。

停止时按下停止按钮 1SB2,使线圈 1KM 失电,常开触点 1KM 打开,停止水泵,1SB2 复位。此时 2 号泵处于停止状态。

(2) 自动切换。若按 1 号泵运行 2 号泵备用的工况要求,即 HK 转换开关 45°档,接通 HK:3 ~ 4 触点、HK:7 ~ 8 触点,如图 5-14 所示。反之手动为 HK 转换开关 -45°档,接通 HK:1 ~ 2 触点、HK:5 ~ 6 触点。

1) 当低水位轮换启泵,低水位液位仪的 SL1 信号导通,KA3 线圈得电,KA3 常开点闭合,因转换开关 HK:3 ~ 4 触点后 1KA1 常闭点保持闭合,故线路接通,进而使 1KM 线圈得电,启动水泵。当高水位双泵启泵,高水位液位仪的 SL2 信号导通,KA4 线圈得电,KA4 常开触点闭合,线路也可接通,且跨过 KA1 的常闭触点,进而使 1KM 线圈、2KM 线圈均得电,启动两台水泵。当溢流水位报警,溢流液位仪的 SL3 信号导通,KA5 线圈得电,溢流信号 1HY 黄色指示灯点亮,同时溢流报警回路的 KA5 常开触点闭合,溢流水位及双泵故障回路的声光显示接通,发出警报。

2) 低水位自动轮换的状态下,1 号泵运行,延时转换回路此时保持接通,KA4 常闭触点保持闭合,时间继电器 KT1 线圈得电,经过延时后 (时间自定),转换投入回路的 KT1 常开触点闭合,该回路导通,KA1 中间继电器线圈得电,KA1 常开触点闭合,KT1 延时后退出,但完成自锁功能。

2 号泵原先为停止状态,现 113、115 回路 KA1 常闭触点打开,进而线圈 1KM 失电,停止 1 号水泵;213、215 回路 KA1 常开点接通,进而线圈 2KM 得电,运行指示常开触点 2KM 闭合,启动 2 号水泵,完成两泵相互延时转换。

此时 2 号泵的延时转换回路保持接通,时间继电器 KT2 保持得电状态,又经过延时后,转换投入回路的 KT2 常闭点打开,该回路断开,KA1 中间继电器线圈失电,213、215 回路 KA1 常开触点断开,进而线圈 2KM 失电,停止 2 号水泵;113、115 回路 KA1 常闭触点闭合,进而线圈 1KM 得电,启动 1 号水泵,完成两泵第二次相互延时转换。之后理论上循环往复。

3) 与高压柜的转换开关手自切换不同,低压侧的万能转换开关更多用在设备的转换,一种情况为两泵备与用的选择,转换开关有 3 档,左边 45°是 1 号用 2 号备,中间为手动,右边 45°为 2 号用 1 号备,转换开关打到任何一档,其中里面 4 对点是通的,两对是对应 1

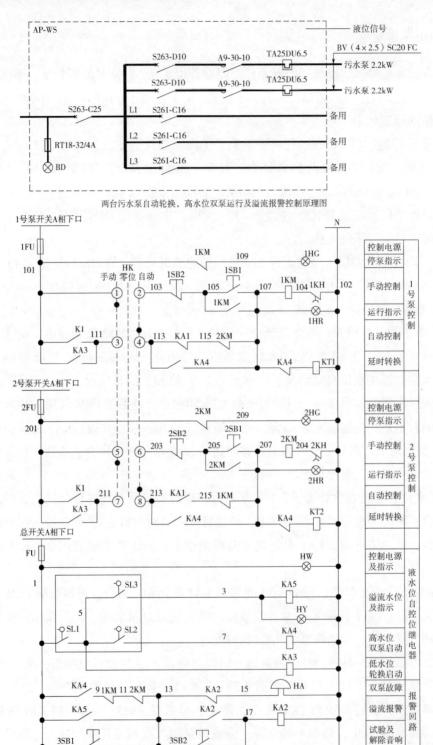

两台污水泵自动轮换、高水位双泵运行及溢流报警控制原理图

图 5-14　一用一备水泵控制原理示意

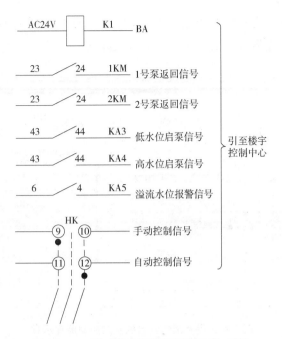

图 5-14　一用一备水泵控制原理示意（续）

号泵，另外两对是对应 2 号泵。另一种情况如本案例，自动与手动零位的选择，本案例中这种转换开关型号是 LW5-15D0723/3，打向右 45°时，为自动启动，此时触点 3 – 4、7 – 8、9 – 10 闭合，线号为 101、103（1 号泵自动启）及 201、203（2 号泵自动启），53、54（自动信号外放）；打向 0°时，无触点闭合；打向左 45°时，触点 1 – 2、5 – 6、9 – 10 闭合，线号为 101、103（1 号泵手动启）及 201、203（2 号泵手动启），51、52（手动信号外放），接线如图 5-15 所示，接线图与系统一一对应。

（3）自动控制。自动控制状态下，HK 转换开关打在自动操作位置时，接通 HK：3 ~ 4、HK：7 ~ 8 触点。

1）远程控制时，遥控 BA 信号接至中间继电器 K1，继电器的常开触点串联于断路器的分励脱扣线圈回路中，使远控常开触点 K1 闭合，进而使 1KM 线圈得电，启动水泵，2 号水泵亦同。

2）如果作为消防泵使用时，消防联动信号接至中间继电器 K1，其余相同。同时会增加跨越转换开关的直启线 ZQ，如图 5-16 的局部示意。

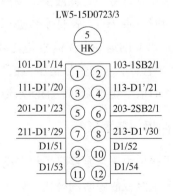

图 5-15　LW5-15D0723/3 转换开关接线示意

（4）信号指示灯。未启动时，分闸指示回路 1KM 常闭触点保持闭合，回路为得电状态，分闸绿色指示灯 1HG 点亮；启动后，分闸指示回路 1KM 常闭触点打开，回路为失电状态，分闸绿色指示灯 1HG 熄灭。同理未启动时，合闸指示回路 1KM 常开触点保持打开，回路为失电状态，合闸红色指示灯 1HR 熄灭；启动后，合闸指示回路 1KM 常开触点闭合，回路为得电状态，合闸红色指示灯 1HR 点亮。2 号泵亦同。

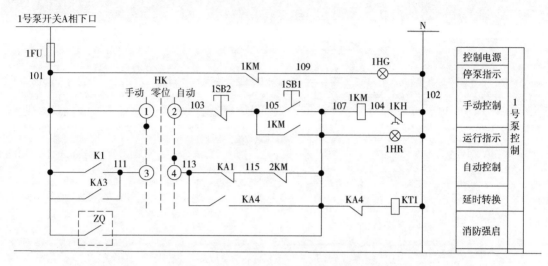

图 5-16　设有消防强启的水泵控制原理示意

（5）热继电器 1KH、2KH 为过载保护。设于接触器线圈一侧，过载后热继电器动作断开，1KM、2KM 线圈失电，电机停止运行，分闸指示回路 1KM、2KM 常闭触点打开，回路为失电状态，分闸绿色指示 1HG、2HG 点亮。

（6）外放回路。案例中 23、24 端子为 1KM、2KM 常开点编号，故相同，作用是正常运行外放回路，通过端子排外引，得电后常开点闭合，确认电机运行中，HK：9 ～ 10 触点、HK：11 ～ 12 触点为转换开关的信号外放，给远方传递转换开关的位置。43、44 端子，6、4 端子为常开点编号，是低液位、高液位、溢流液位的信号外放信号。需要注意本案例中各泵启动均为同一端子号，高低水位亦同，设计时可根据自身情况进行调整。

（7）水泵的远端自控信号是比较丰富的，不再一一罗列，举一反三即可。用于稳压泵时，K1 继电器引入的信号是压力信号，由稳压泵管道上的压力传感器提供，消火栓泵 K1 继电器引入的信号是水箱间、消防水池的电接点压力表等信号。

3. 两用一备水泵

为了避免由于水泵停机给设备造成损坏，一般用两组泵并联使用，另外一个备用，以备其中一个维修或故障时的替代。以 3 台污水泵，两用一备电气原理图为例，3 台水泵的转换开关有 4 个位置，两个自动、一个手动、一个备用，如图 5-17、图 5-18、图 5-19 所示，转换的原理如下。

（1）手动控制。即 HK 转换开关 0°档，接通 HK：3 ～ 4 触点，手动控制状态下按下启动按钮 1SB1，使线圈 1KM 得电，运行指示常开触点 1KM 闭合，其常开触点闭合取代了按钮的作用，1SB1 复位，常开触点 1KM 保持闭合状态，完成自锁功能，启动水泵。同理 2 号水泵启泵。

停止时按下停止按钮 1SB2，使线圈 1KM 失电，常开触点 1KM 打开，停止水泵，1SB2

复位。同理 2 号、3 号水泵手动停泵，启泵。

（2）液位控制运行。若按 1 号、2 号泵运行，3 号泵备用的工况要求，即 1HK 转换开关 45°档，接通 1HK：5～6 触点、2HK 转换开关 45°档，HK：1～2 触点，3HK 转换开关 −45°档，HK：7～8 触点。

1）第一水位启泵，即前文的低水位启泵，第一启泵液位仪的 SL1 信号导通，KA1、KA6 线圈得电，1HK：5～6 触点，导通回路，1 号泵二次回路中 KA1、KA6 常开触点闭合，进而使 1KM 线圈得电，启动 1 号水泵，2 号水泵转换开关位无信号，3 号水泵转换开关此时为备用位，不接通。

2）第二水位启泵，即前文的高水位启泵，第二启泵液位仪的 SL2 信号导通，KA2 线圈得电，2HK：1～2 触点，导通回路，2 号泵二次回路中 KA2 常开点闭合，KA6 常开点此时也是闭合状态，线路也可接通，进而使 2KM 线圈得电，启动 2 号水泵，两泵同时使用。3 号水泵转换开关此时为备用位，不接通。

3）第三水位警告，溢流液位仪的 SL3 信号导通，KA3 线圈得电，溢流信号 HY 黄色指示灯点亮，同时溢流报警回路的 KA3 常开触点闭合，溢流水位及双泵故障回路的声光显示 HA 接通，发出警报。4SB1 为试验按钮，可以跨过溢流信号，进行溢流报警信号的测试，4SB2 为接触警报音响的按钮，按下后，KA5 线圈得电，KA5 的常闭触点打开，音响报警解除，KA4 线圈得电，KA4 常开点闭合，完成溢流自投。

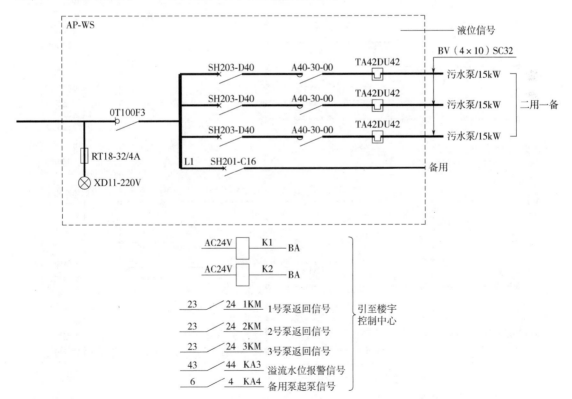

图 5-17　两用一备水泵控制原理示意 1

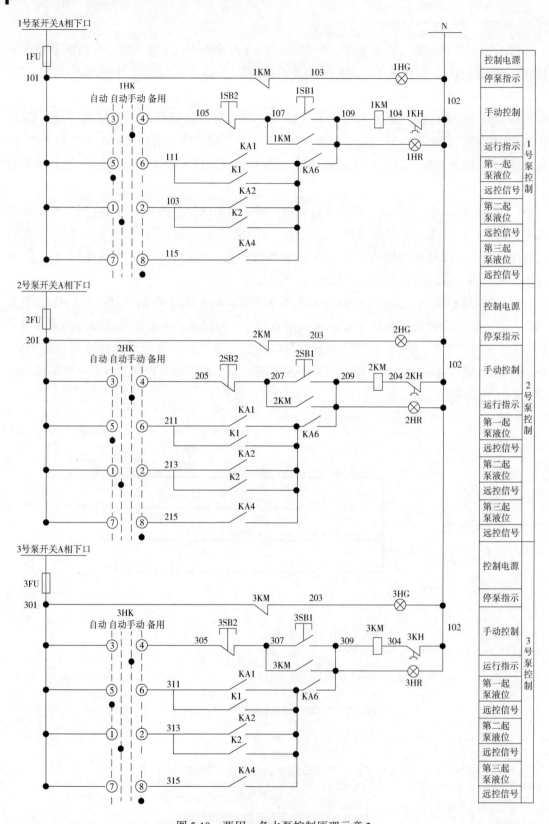

图 5-18 两用一备水泵控制原理示意 2

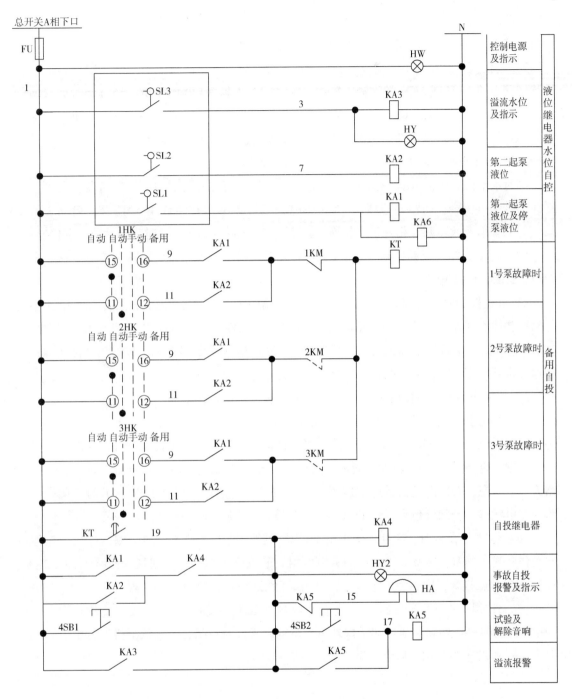

图 5-19　两用一备水泵控制原理示意 3

（3）故障状态下的轮换。

1）1 号泵运行，1～3HK：15～16 触点导通，作为第一台运行的水泵，都在自动状态，故障各 KA1 常开触点保持闭合状态，因泵正常运行，故障回路 1～3KM 常闭触点此时为打开状态，延时转换回路（KT 时间继电器线圈）此时断开。

2）2 号泵运行，1～3HK：11～12 触点导通，作为第二台加入运行的水泵，也都在自动状态，故障各 KA2 常开点保持闭合状态，因泵正常运行，故障回路 1~3KM 常闭触点此时为打开状态，延时转换回路（KT 时间继电器线圈）此时断开。

3）当任何一台作为 1 号泵或是 2 号泵运行泵故障，其主回路中 1KM 或 2KM 线圈失电，故障回路中的 1KM 或 2KM 常闭触点复位，则时间继电器 KT 线圈得电，经过延时后（时间自定），转换投入回路的 KT 常开触点闭合，该回路导通，KA4 中间继电器线圈得电，KA4 常开触点闭合，因自投回路的 KA1、KA2 常开触点也保持闭合，回路导通，事故自投及报警指示灯 HY2 点亮，KT1 延时后退出，但完成自锁功能。

同时水泵回路中的 KA4 常开触点，设定为 3 号泵为备用泵，其 HK：7~8 触点导通，其 KA4 常开触点闭合，回路导通线圈 3KM 得电，运行指示常开触点 3KM 闭合，启动 3 号水泵，完成备用及故障两泵相互延时转换。1 号、2 号水泵转换开关此时为自动位，不接通。

（4）自动控制。自动控制状态下，HK 转换开关打在自动操作位置时，接通 1HK：5~6 触点、2HK：1~2 触点。

1）远程控制时，遥控 BA 信号接至中间继电器 K1，继电器的常开触点串联于断路器的分励脱扣线圈回路中，使远控常开触点 K1 闭合，进而使 1KM 线圈得电，启动 1 号水泵。遥控 BA 信号接至中间继电器 K2，继电器的常开触点串联于断路器的分励脱扣线圈回路中，使远控常开触点 K2 闭合，进而使 2KM 线圈得电，启动 2 号水泵。

2）如果作为消防泵使用时，与一用一备类似，不再单做解释。

（5）信号指示灯。未启动时，分闸指示回路 1KM 常闭触点保持闭合，回路为得电状态，分闸绿色指示灯 1HG 点亮；启动后，分闸指示回路 1KM 常闭触点打开，回路为失电状态，分闸绿色指示灯 1HG 熄灭。同理未启动时，合闸指示回路 1KM 常开触点保持打开，回路为失电状态，合闸红色指示灯 1HR 熄灭；启动后，合闸指示回路 1KM 常开触点闭合，回路为得电状态，合闸红色指示灯 1HR 点亮。2 号、3 号泵亦同。

（6）热继电器 1KH、2KH、3KH 用于过载保护。设于接触器线圈一侧，过载后热继电器动作断开，1KM、2KM、3KM 线圈失电，相应电机停止运行，分闸指示回路 1KM、2KM、3KM 常闭触点打开，回路为失电状态，分闸绿色指示 1HG、2HG、3HG 点亮。

（7）外放回路。案例中 23、24 端子为 1KM、2KM、3KM 常开触点编号，故相同，作用为正常运行时外放回路，通过端子排外引，得电后常开触点闭合，确认电机运行中。43、44 端子，6、4 端子为备用泵启泵、溢流液位的信号外放。

5.5 楼控 BA 信号的案例实操

1. 楼控继电器接线实操

楼控信号（BA）盘厂系统如图 5-20 所示，同理仅控制一台设备，其中 $n=1$。实际接线

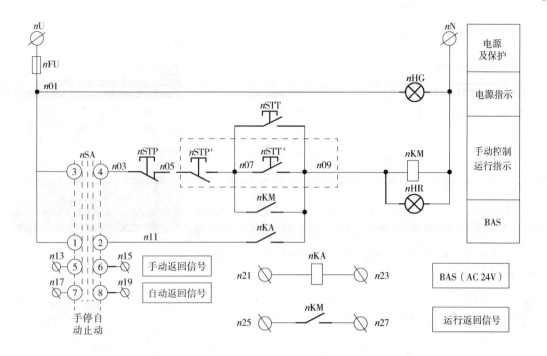

备注：此为二次原理接线图，其中n=1

图5-20　楼控信号（BA）盘厂系统附图示意

如图 5-21 所示，从左向右依次为接触器、熔断器、中间继电器。

（1）继电器1KA1 常开触点接线，常开节点109 及111 为运行返回信号，图5-21 中可见常开点在前排。

（2）继电器1KA1 线圈接线，外接121 及123 为 BA 信号，应需要供电，设于下端后排。与消防不同，图 5-20 中示意采用 AC 24V 供电，但显然从图 5-21 中型号来看为 DC 24V 供电。AC 24V 的继电器比较少见，如果采用 AC 24V，则需要采用变压器进行电压转换，后文有案例。

（3）交流继电器和直流继电器不可混用，两种电压相等也不能交换使用的。DC 24V 的继电器若用在 AC 24V 的回路上，则因为直流线路无法产生足够磁通量，无法闭合衔铁使触点动作，不能正常工作；AC 24V 的继电器若使用在 DC 24V 回路上，倒是可以闭合衔铁使触点动作，但又因为电磁线圈阻值比较小（交流继电器线圈匝数对比直流相应较少），容易过电流进而烧毁继电器。

2. 二次接线熔断器接线实操

（1）任何二次原理图同样需要进行保护，熔断器在二次图中多不会表达其规格，是因为其容量多不大，一般由盘厂进行完善，如图 5-20 中采用单相 32A 熔断器非常多见。

（2）图 5-20 中为 1U 及 101 两端线分别接于上下口，与图 5-21 相互对应。

3. 接触器实操原理

与消防系统相似。

（1）接触器 1KM 线圈接线，常开节点 107 及 109（有按钮回路并联的线，图 5-21 中可见多根压接）、125 及 127 为运行返回信号，图 5-21 中可见常开点在前排左、右两端，正面看到的 1KM 只是辅助触点，且为组装式，黑色与白色颜色不同，即可区别，其后黑色本体才是接触器主触点 1KM。

（2）线圈侧的接点为 109 及 1N，设于后排 1KM 的右侧端头，并有并接的端线，至端子排，图 5-20 中可见是配线至 1HR 的运行指示灯。

（3）最后端的绿色线为主触点的进线，即一次回路的电源线，可见为单相设备，下出线图 5-21 中未见。

图 5-21　楼控信号（BA）二次原理接线照片

4. 显示及按钮接线

上一小节没有拍清楚背板的全部接线，这里进行完善，功能虽有所简化，但与前一小节内容的相互补充，可以完善面板的二次接线，如图 5-22 及图 5-23 所示。

（1）图 5-23 中 103 及 105 接线点，与图 5-20 对应可见为 1STP 的停止按钮，按下手动断开供电回路。

（2）图 5-23 中 107 及 109 接线点，与图 5-20 对应可见为 1STT 的启动按钮，按下手动接通供电回路并接的 1STT1 为远程启动按钮。

（3）图 5-23 中 101 及 1N 接线点，同时并联至万能转换开关及接触器，与图 5-20 对应可见为指示灯 1HG，为电源指示，通电时灯亮。

（4）二次线路多次并接的，尽量在一个设备上并联一次即可，在下一个设备处再进行下次并接，这样不容易出现同一个设备上线数太多时造成的虚接情况。

（5）图 5-23 中 109 及 1N 接线点，与图 5-20 对应可见为指示灯 1HR，为运行指示，接触器线圈得电，灯就点亮。同时并接至 1KM。万能转换开关接线与上一节相似，这里不再赘述。

图 5-22　楼控信号盘面指示、转换开关照片

图 5-23　楼控信号背面指示、转换开关接线照片

5. 有 BA 信号的单相小功率风机二次原理实操

针对只有控制要求的情况，如不需要热继电器参与保护的系统，如图 5-24 及图 5-25 所示，仅设置接触器，接触器的功能单一，仅完成 BA 系统远程的启停控制。

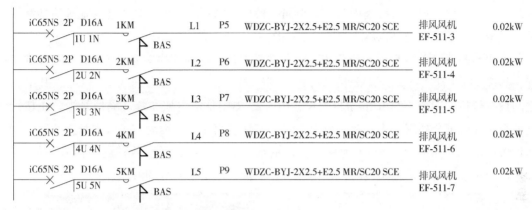

图 5-24　单相楼控信号盘厂系统一次侧附图示意

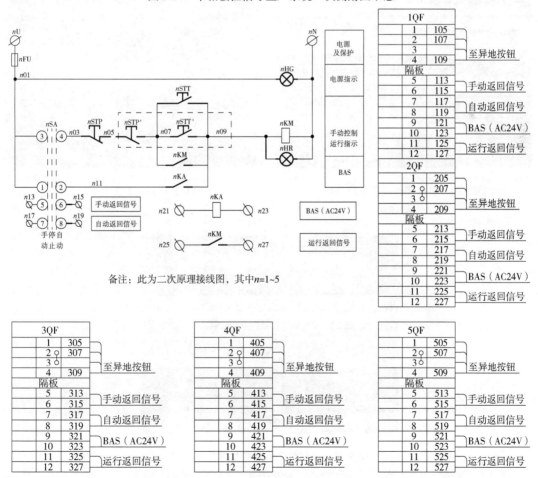

备注：此为二次原理接线图，其中 $n=1\sim5$

图 5-25　单相楼控信号盘厂系统二次侧附图示意

（1）支路一般均为微型断路器，单相风机，出线端均配出单相，可见黄、绿、红等相线，开关下口同时取二次侧电源，为 1U、1N ~ 5U、5N 等，如图 5-26 所示。

（2）二次侧电源先至各二次侧熔断器，在图 5-27 中可一一对应，上口为 1U、1N ~ 5U、5N 等，熔断器下口则是 101 ~ 501，就是展开的二次图，与前文相似，不再赘述。

（3）这里着重说一下端子板，因为相对复杂繁琐，很多设计师一看箱体实景就懵，但实际上通过对比发现，这种繁琐其实只是同一种功能的不断罗列，如果能够梳理清楚其中一种，其余的设备罗列就是多倍重复而已，如图 5-28 所示。

由图 5-25 中 1QF ~ 5QF 可以看出，这其实是 5 台电机分设的 5 个端子板，只是放在了一起，其接线除了注明打头的编号外，后面是一模一样的，每一个端子排为 1 ~ 12 号，其中 4 ~ 5 之间设有隔板，即图 5-28 中的塑料薄片，图 5-25 中则是空白加注释。隔板是为防止接线端子的金属导电部分裸露形成安全隐患而设置，实际应用时也有因为端子板太长方便区分功能而设置的情况，如本例中 1 ~ 4 为外接按钮的信号线，5 ~ 12 则是各种返回信号的信号线，如此区分在多台电机的控制线时，按功能设置隔板，还是十分合理的设计。

图 5-26　单相楼控信号盘厂系统
一次侧接线照片

图 5-27　单相楼控信号盘厂系统
二次侧接线照片

图 5-28　单相楼控信号盘厂系统端子排
接线照片

2～3 号之间设置的是连接片,可以将相邻的几个接线端子短接起来,方便快捷且美观规范。需要注意 1、2 号和 3、4 号下端采用了黑色线进行短接,可以看出柜体出厂时对于外接按钮线路做了封堵,需要在施工现场核实后再打开,再重新接线,这在盘厂出厂时的柜体接线中很常见,所以二次侧出现在同一个设备上,有短路跳接线时,多数都是未来备接预留的一种标志。

与系统对应,上方 1～4 号端子接线 105、107、107、109 号信号线,5～12 号端子接线 113～127 的奇数号信号线。

5.6　变频器的控制原理

1. 变频器概述

(1) 变频调速的原理。变频调速的原理可见交流异步电动机的转速计算公式 $n = 60f$ $(1-s)/p$。其中,f 为电源频率 (Hz);p 为电动机极对数;n 为转速 (r/min);s 为转差率。可见通过频率的变化可以对转速实现控制,即为变频调速的最基本原理。

(2) 变频器的作用。

1) 在低频的情况下启动时,转速低,启动电流相应小,对于恒功率负载,转矩与速度呈反比的关系,频率与转速呈正比的关系,则转矩与频率也呈反比的关系,频率的小的变化带来转矩更大的变化,较小的电流可得到较大的转矩,可见恒功率负载变频可以重载启动。

2) 而对于民用电气动力系统最常见的水泵及风机类型负载,转矩与速度的二次方或三次方呈正比关系,可见较小的转矩可得到二次方或三次方的转速,从而又可实现节能的效果。

(3) 变频器设置的位置。

1) 变频器一般置于动力配电箱内,设于断路器的下口、电动机的上口。

2) 变频器在配电箱内上下与设备的间距不小于 10cm,左右与电气设备的间距不小于 5cm。

(4) 变频器的选择。变频器的容量要大于电动机的容量,额定输出电流大于电动机的额定电流,变频器电流一般按 1.1 倍电动机的额定电流选取。

(5) 变频器的保护及控制。

1) 变频器是自带保护及控制的,如果要实现复杂的自动控制,还需要配合 PLC 使用,每台配电柜设置一台 PLC 即可,同时对各变频器实现控制。

2) 此外配电箱内不需要另行设置热继电器及接触器了,一般变频器会自带,但需要注意如果一台变频器拖动多台电动机时,则需要每台电动机前增设热继电器进行过载保护,如果多台电机有控制的要求,则还需要在此基础之上增设交流接触器或设置 PLC。

3）变频器配出线后不可再设置浪涌保护器，因为变频器通过整流为脉冲波形，浪涌保护器的放电过程会对脉冲波形产生过电流。

4）变频器出线至电动机之间不再设置断路器，因为变频器不可空载运行，如断路器误动作，产生的冲击电流会对变频器造成伤害。

（6）变频器的控制模式。一般不带旁路。电机启动后切到工频。另外一种情况，消防平时兼用风机或空调，平时建议用变频，消防时需采用普通接触器模式，则需要设置旁路接触器。

2. 变频器二次原理

各种厂家的变频器种类较多，不可使用于消防设备，大功率水泵及风机均有普遍使用。变频器有设置于箱内，也有设置在箱外的情况，多数变频器实现的功能和方式类似，以下引用一个设置于箱内的案例来说明变频设备的控制原理及其大体的控制逻辑，如图5-29所示。

（1）手动启停。1SA转换开关打在手动操作位置时，接通1SA：11～12触点，手动控制状态下通过按下按钮1SB1，使线圈1KM得电，闭锁回路1KM常开触点闭合，其常开触点闭合取代了按钮的作用，SB1复位，常开触点1KM保持闭合状态，实现自锁功能，变频器DC 24V系统控制回路的1KM常开触点闭合，接通变频器控制回路，通过变频器启动电机。停止时按下停止按钮1SB2，使线圈1KM失电，闭锁回路常开触点1KM打开，停止风机，1SB2复位。

（2）自动控制。自动控制状态下，1SA转换开关打在自动操作位置时，接通1SA：13～14触点。楼控BA信号接至中间继电器1K，继电器的常开触点串联于断路器的分励脱扣线圈回路中，使远控常开触点1K闭合，进而使1KM线圈得电，启动风机。

（3）信号指示灯。未启动时，分闸指示回路1KM常闭触点保持闭合，回路为得电状态，分闸绿色指示灯HG点亮；启动后，分闸指示回路1KM常闭触点打开，回路为失电状态，分闸绿色指示灯HG熄灭。同理未启动时，合闸指示回路1KM常开触点保持打开，回路为失电状态，合闸红色指示灯HR熄灭；启动后，合闸指示回路1KM常开触点闭合，回路为得电状态，合闸红色指示灯1HR点亮。故障指示段在中间继电器1KA得电后，相应的常开触点闭合，黄色故障指示灯1HY点亮。

（4）过载保护。包含于变频器内，主接线中不再有表示，故二次图也不存在。

（5）故障报警。当变频器发生故障时，则变频器故障报警段故障信号由26号断开常闭点，打到了27号接通常开点，中间继电器1KA线圈得电，相应电机手动段的1KA常闭触点则打开，使1KM线圈失电，闭锁回路1KM常开触点打开，停止风机。

（6）外放回路。案例中1KM常开触点为正常运行外放回路，得电后常开触点闭合，确认电机运行中，1KA常开触点为变频器的故障信号外放，得电后常开触点闭合，确认变频器故障，均通过端子排外引，1SA：21～22触点、1SA：23～24触点为转换开关的信号外放，给远方传送转换开关的位置状态。

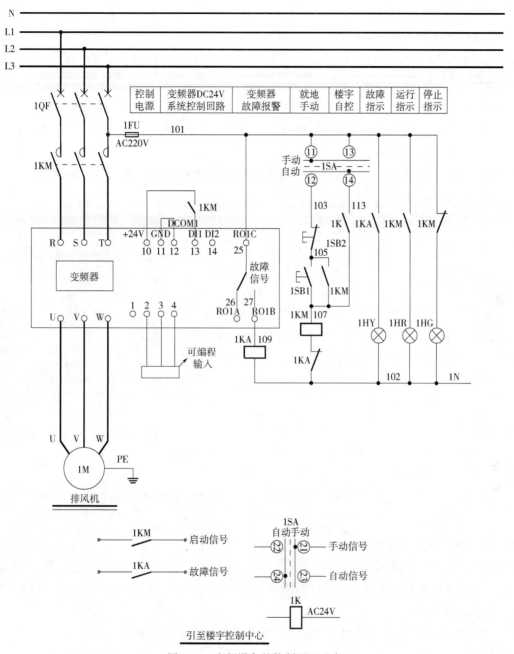

图 5-29　变频设备的控制原理示意

5.7　软启动器控制原理

1. 软启动器概述

（1）原理。顾名思义，软启动就是通过晶闸管的对电流实现坡型控制，使电机启动电压以恒定的斜率平稳上升，启动电流缓慢增大到启动值，启动电流小才能实现平稳启动的要求，启动后通过旁路接触器的切换使软启动器旁路接入普通的电机控制回路，由于软启动器的启动电流仅为 2~3 倍电机额定电流，远比满压启动的 5~7 倍小，所以对其他负荷电压的波动很小。

（2）软启动器设置条件。电动机通过软启动器进行启动，当电动机容量大于动力变压器容量的 10% 时或电机功率大于 30kW 时，考虑电机对电网会产生较大波动就建议采用软启，软启动器可内置于动力配箱内或单独设于箱外。

（3）软启动器的功能。一般具备过载保护功能、缺相保护功能、过热保护功能（或外置）。

（4）软启动器工作过程。电动机在软启动器拖动下按所选定的逐渐提升输出电压，达到工频电压后，旁路接触器接通，完成启动。当要控制多台电机时，软启动器退出当前回路，启动下一台电机，过程同前。电机需要停止时，启动软启动器与旁路接触器并行运行，当达到工频电压后切除旁路接触器，之后通过软启动器对电机实施制动直到停止。旁路接触器安装如图 5-30 所示。

（5）软启动器的保护。由于内部设有晶闸管，所以需要设置快速熔断器保护晶闸管，设计时需要落实所选择的软启动器是否自带快速熔断器，如没有设置，则需在系统图中单独表示。对于软启动器的出线回路，如产品无内置的热继电器，则热继电器还是需要在支路中设置。

图 5-30　旁路接触器照片

（6）软启动器的旁路接触器的选择。主回路与旁路回路接触器的额定电流需要一致。

（7）变频器与软启动器的区别。

1）依据三相异步电机定子每相电动势的有效值公式 $E_1 = 4.44 \times f_1 \times N_1 \times \varphi_m$ 可知，变频器可调速、调压、调转矩、调功率，而软启动器的原理仅为调压，变频器包含了软启动器的功能，价格也比软启动器贵些，所以功能可见越简单越安全，软启动器是否适用于消防水泵等，是值得思考的。

2）变频器同时改变输出频率与转矩，可以使恒功率负载的电机以较小的启动电流得到较大的转矩，即变频器可以实现重载启动。软启动调压，频率不变，将曲线变得更加圆滑，即电机特性曲线变软，转矩正比于电压的二次方，因此软启动电压的下降会降低电机的启动转矩，故软启方式并不适用于重载启动的场合，但并非软启动器不可启动重载设备，只是要放大一级进行选择，或采用重载启动模式。软启动器系统常见设置方式如图 5-31 所示。

2. 软启动的控制原理

在启动过程中，利用晶闸管交流调压的原理，使电压平滑地加到电机上，启动结束时，

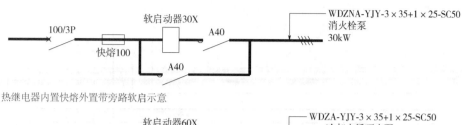

热继电器内置快熔外置带旁路软启示意

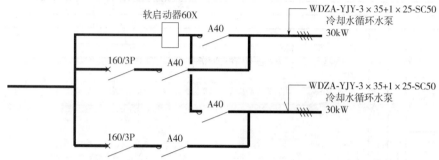

热继电器外置快熔内置带（一带多）软启示意

图 5-31　软启动器系统设置示意

电机需要加上全部电压，此时软启动器的使命也就结束了，所以被设定程序控制的接触器短路。各厂家软启动器种类较多，但各产品实现的功能大致相同。与变频器在二次图的比较，则主要差别反映在二次图中软启动器具有旁路接触器，所以会增加相应的启动和报警，如图 5-32 所示，其控制逻辑如下。

（1）手动启停。1SA 转换开关打在手动操作位置时，接通 1SA：11～12 触点，手动控制状态下通过按下按钮 1SB1，5 号端子位得电，启动软启动器，内置线圈（类似 1KM）得电，启动电机，1SB1 复位。停止时按下停止按钮 1SB2，使内置线圈（类似 1KM）失电，停止风机，1SB2 复位。

运行稳定后，旁路接触器启动段接点由 15 位打到 17 位，1KM2 回路导通，线圈得电，主回路接通，改为全压运行，同时全压运行段 1KM2 常开触点闭合，全压运行合闸红色指示灯 1HR 点亮。

（2）自动控制。自动控制状态下，1SA 转换开关打在自动操作位置时，接通 1SA：13～14 触点。楼控 BA 信号接至中间继电器 1K，使远控 1K 常开触点闭合，跨过按钮装置，接入启动点 5，进而启动电机，其余同手动启动逻辑。

（3）信号指示灯。因不存在 1KM 线圈，故分闸绿色指示灯 1HG 这里改称为电源指示，直接接于二次回路，只要二次回路保持有电状态，绿色指示灯 1HG 点亮，只有当电源切断，该灯熄灭。全压运行后，全压运行指示回路 2KM 常开触点闭合，回路为得电状态，红色指示灯 1HR 点亮。

（4）过载保护。包含于软启动内，主接线中不再有表示，故二次图也不存在。

（5）故障报警。当软启动器发生故障，则软启动器故障报警段故障信号由断开位常闭点 18，打到了接通位常开触点 20，中间继电器 1KA1 线圈得电，相应的 1KA1 常开触点闭合，黄色故障指示灯 1HY 点亮，但需要注意并不停止风机，仅是报警，因为风机运行中与

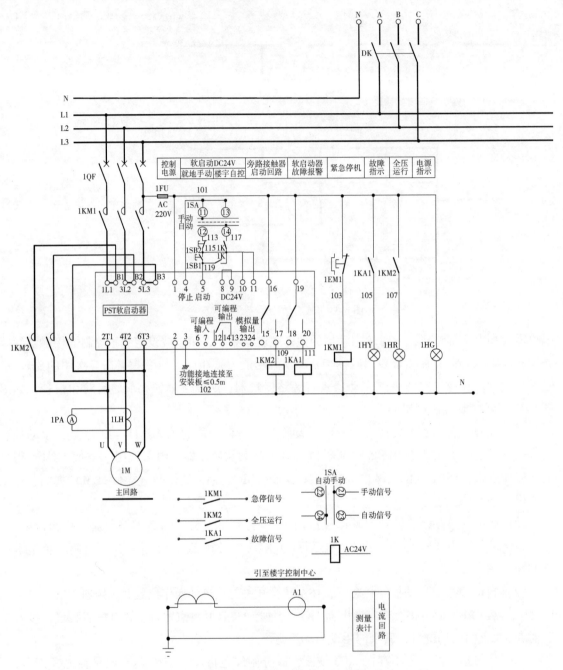

图 5-32　软启动的控制原理示意

软启动器并无关联，为全压运行，软启动器如有故障并不影响电机的运行。

（6）紧急停机。当现场需要紧急停机时，可按下 1EM1 紧急按钮，外置的接触器线圈 1KM1 断电，接触器主回路 1KM1 打开，电机停机。

（7）外放回路。案例中 1KM1 常开触点为紧急停车的外放回路，得电后常开触点闭合，确认紧急停车完成；1KM2 常开触点为全压运行的外放回路，得电后常开触点闭合，确认电机转入全压运行状态；1KA 常开触点为变频器的故障信号外放，得电后常开触点闭合，确认软启动器故障，均通过端子排外引，1SA：21~22 触点、HK：23~24 触点为转换开关的信号外放，给远方传递转换开关的位置状态。

3. 软启动器端子接线案例

如图 5-33 所示。

二次控制回路							
二次保险	旁路输出	自动启动	手动启动	软启故障	故障指示	运行指示	停止指示

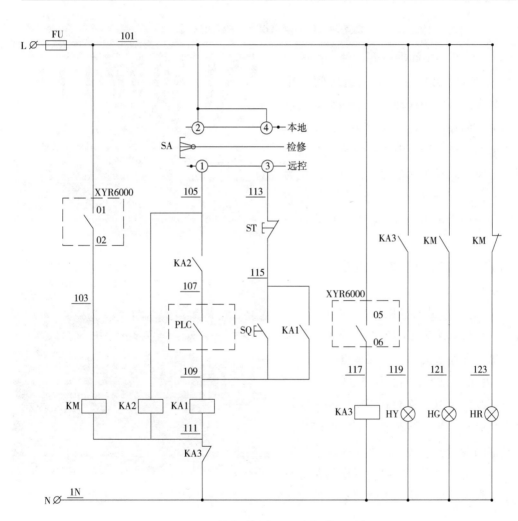

图 5-33　软启动器盘厂二次侧附图示意

（1）软启端子排。如图 5-34、图 5-35 所示，可见旁路输出端子序列号为 06、07，对应线号为 103 及 101。故障输出为 08、10，对应线号为 117 及 101，由二次图可见，故障报警为常开触点，则图 5-35 中仅接了故障常开触点即线号 117。停止、启动公共点为 04、03、05，对应线号为 127 及 128、125。与图 5-35 可以一一对应（还需要注意图 5-35 中盘厂将线号128错打成了127），唯一不同的是图5-34上没有注明软启动的电源，图5-35还是可以见到，编号为N1及101，即二次原理的交流电源。

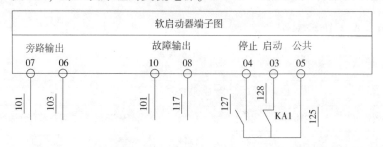

图5-34 软启动器端子接线系统示意

（2）JZ7系列中间继电器接线。图5-33可见设有KA1、KA2、KA3三组中间继电器，单独介绍是因为这种老式中间继电器已经不多见，但在过去几十年中却是最普遍使用的类型。该继电器由电磁系统和触头系统组成，电磁系统在胶木基座内，触头系统为桥式双断点，共8对触头，分前后两层布置，前面一层为常闭触点，后面一层为常开触点，上下对应为一组。左上侧独立端子为零线端子（图5-36中未见），与进线的零线在常开触点处串接。

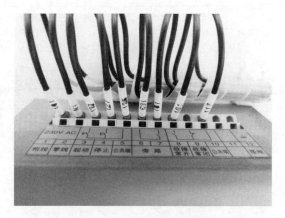

图5-35 软启动器端子接线照片

图5-36为两组电机使用的继电器，区分方法为首位数字为1的为本系统对应的中间继电器，即左边的三只中间继电器。

1）左第一只为KA1，图5-33中可见线圈上下端线号为109及111，图5-36中隐约可见在最后侧，为常开触点，下方是配出至软启动器的线号127及打印错误的线号128，正好一后一前，可以与软启动器中的常开触点与常闭触点对应，功能为软启动器的停止及启动。

图5-36 软启动器中间继电器接线照片

2）左第二只为KA2，图5-33中可见线圈上下端线号为105及111，作用为自动控制，对应图5-36中后排左二的常开点，远控触点线号为133、135，与图5-36中KA2后排左三对应，上为133被遮挡看不到，下为线号135可见。

3）左第三只为KA3，图5-33中可见线圈上下端口线号为117及1N，分别在后测两端，此处有N1也有1N，含意均为N线的意思，照片中同样有N2的存在，为盘厂的失误，二次原理图打线号并非高技术含量的工种，出错率相对较高。故障指示的常开触点线号 101 及 119，对应图 5-36 中后排左二的常开触点，中上为 101 被遮挡看不到，下为线号 119 可见。远传的故障指示的常开触点线号 139 及 137，对应图 5-36 中后排左三的常开触点，上为线号 139 被遮挡看不到，下为线号 137 可见。左一为设于前面的常闭触点一组，线号为 N1 及 111，与系统中自动启动的常闭触点相互对应。

右边的三只继电器首数字为 2，原理与 1 号设备相同，故实际了解接线复杂盘面的二次原理时，重要的一步是先区分各设备的二次原理线路，线号的第一位数字则是关键。

（3）接触器线圈接线图。如图 5-37 所示，接触器线圈接线端子可见为线号 103、111，与系统中的 KM 线圈两端的线号一致。

（4）端子排示意。如图 5-38 所示，分为外放与现场两部分。

1）外放部分：线号 107、109 为远控启停；线号 129、131 为模拟信号的输出，即常说的模拟信号状态采集，二次系统中未见；线号 133、135 为自动控制继电器 KA2 信号；线号 137、139 为软启动器故障报警 KA3 信号；线号 141、143 为旁路接触器 KM 信号。

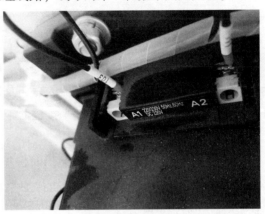

图 5-37　软启动器接触器线圈接线照片

图 5-38　软启动器二次系统端子排接线示意

2）现场部分：线号 101、105 为转换开关的远程点；线号 109、115 为本地控制的按钮启动；线号 119、121、123 并接于 1N 线各种运行状态（故障指示、运行指示、停止指示）的中间端子排跳线示意。

5.8　CPS 启动的控制原理

1. CPS 的原理和概念

（1）CPS 为控制与保护开关电器的简称，顾名思义是集控制与保护于一体的电气设备，涵盖了隔离开关的隔离功能、断路器的短路及过载保护功能、热继电器的过流保护功能和接触器的控制功能等，相当于断路器 + 接触器 + 热继电器 + 辅助节点，是一个集成设备，最大优点是使动力设计变得简单。

（2）CPS 保护常分为：特大短路瞬时保护为 20 倍 I_n，$t \leqslant 2 \sim 3ms$，短路瞬时保护为 16 倍 I_n，$t \leqslant 0.1ms$，短路短延时保护电机保护为 $6 \sim 12$ 倍 I_{rl}，配电保护为 $3 \sim 6$ 倍 I_{rl}，其中 I_{rl} 为长延时脱扣器整定电流。

（3）CPS 的标注：根据产品的不同标注方式也不同，但一般需要表示 CPS 的额定电流、内置热磁脱扣器部分的最大保护电流或最大的配套电动机功率。

（4）内置接触器的常开触点及常闭触点的数量，一般设有：手动启动及停止时自锁的 1 对常开触点，楼宇自控启动时的 1 对常开触点 KA（外置）及与手动启动互锁的 1 对常闭触点 KA（外置），应急关闭的 1 对常闭触点（设于控制端），消防联动的 1 对常开触点（设于控制端），短路报警指示灯的 1 对常开触点，故障报警指示灯的 1 对常开触点，停止指示灯 1 对常闭触点。所以本二次系统的案例中，CPS 设有启停的 1 对常开触点，信号报警的 2 对常开辅助触点、1 对常闭辅助触点，设计时依据功能要求进行取舍或增加。此外，CPS 是否为消防时使用也需要进行标注。如某产品型号：CPS-45D（动力型额定电流 45A）/M40（热磁脱扣器整定电流 40A）/06MF（06 为设计代号，意义为 3 常开 2 常闭 2 信息报警，MF 为消防使用）。

2. 控制原理

反映在控制原理图中主要和所选的 CPS 型号有关，根据需要选择常开触点和常闭触点及报警点的数量。这里引用一个单台设备的例子，如图 5-39 所示，其余功能可以借鉴使用，但鉴于 CPS 内部节点意义各厂家会有不同，该原理图的绘制建议同厂家协作完成。其控制逻辑如下。

（1）手动启停。

1SA 转换开关打在手动操作位置时，接通 SA：1 ~ 2 触点，手动控制状态下通过按下按

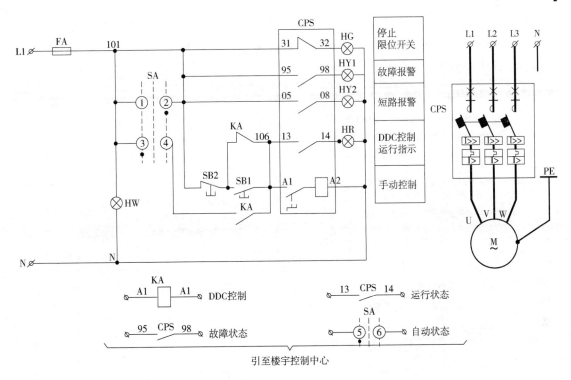

图 5-39　CPS 启动控制原理示意

钮 SB1，使线圈内置线圈 A2 得电（变频器及软启动器亦同，均为内置），A2 得电，13～14 位内置常开触点闭合，SB1 复位，完成自锁功能，通过 CPS 启动电机。停止时按下停止按钮 SB2，使线圈 A2 失电，闭锁回路常开触点 13～14 打开，停止风机，SB2 复位。

（2）自动控制。自动控制状态下，1SA 转换开关打在自动操作位置时，接通 SA：3～4 触点。楼控 DDC（或称 BA）信号接至中间继电器 KA，继电器的常开触点串联于启动二次回路中，常开触点 KA 闭合，进而使 A2 线圈得电，启动风机，同时常闭触点 KA 打开，手动控制回路断开，保持互锁。

（3）CPS 面板启停。可见 CPS 自带的按钮 A1，在手动按钮 SB1 按下或是自控信号 KA 接通的情况下，按下后才可接通 A2 线圈，故如不考虑现场及远程启动状态时，通过 CPS 本身也可以完成电机停止。

（4）信号指示灯。未启动时，整个二次系统保持得电，则白色电源指示灯 HW 点亮；13～14 位内置常开触点打开，合闸运行红色指示灯 HR 熄灭，故障报警黄色指示灯 HY1 熄灭，短路报警黄色指示灯 HY2 熄灭，31～32 位内置常闭触点闭合状态，停止绿色指示灯 HG 点亮；启动后，13～14 位内置常开触点闭合，合闸运行红色指示灯 HR 点亮，31～32 位内置常闭触点打开状态，停止绿色指示灯 HG 熄灭，CPS 内部故障时，05～08 位内置常开触点闭合，故障报警黄色指示灯 HY1 点亮，发生短路故障时，95～98 短路故障报警黄色指示灯 HY2 点亮，均为报警，不停机。

（5）过载保护。包含于 CPS 内，主接线中不再有表示，故二次图也不存在。

（6）外放回路。案例中 13～14 位 CPS 常开触点为正常运行外放回路，得电后常开触点闭合，确认电机运行中，95～98 位 CPS 常开触点为变频器的故障信号外放，得电后常开触点闭合，确认变频器故障，均通过端子排外引，SA：5～6 触点为转换开关的信号外放，给远方传递转换开关的位置状态。

（7）CPS 用于消防设备。如图 5-40 所示，为 CPS 启动消防排烟风机系统示意，风机启停的部分可参见前文风机部分，这里不再赘述。

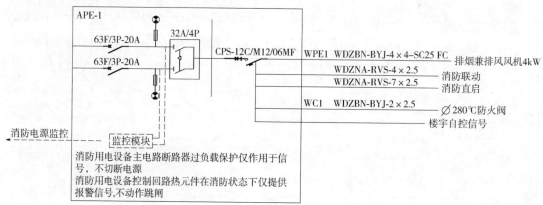

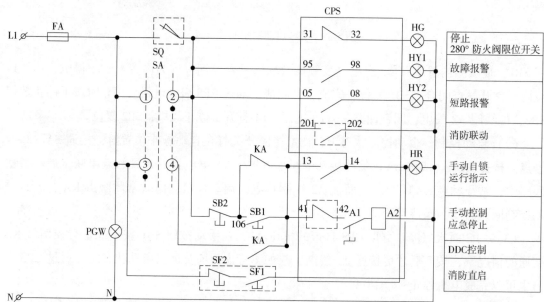

图 5-40　消防用 CPS 启动控制原理示意

1）这里对于限位开关 SQ 的使用更加贴合，当火场温度达到 280° 时，人群已基本疏散完毕，排烟已无实际意义，而烟气中此时已有明火，280° 阀门应自动关闭，以避免火势蔓延，故行程开关动作接通，31～32 位内置常闭触点同时闭合状态，停止绿色指示灯 HG 点亮，也是防火阀及风机均停止的指示。

2）消防联动。在 CPS 设备上有消防联动端的外放常开接点，可跨跃运行常开触点 13、14 直接启动消防联动信号可满足现场手动的要求。消防应急停止，在 CPS 设备上有紧急停止的外放常闭接点，消防联动信号可满足现场及远端紧急停止的要求，其设于 A1 按钮左侧，可阻止 A2 线圈得电。

3）消防直启。消防远控状态下，消控室按下按钮 SF1，其跨过 CPS 常开触点 13、14 直接启动电机。停止时按下停止按钮 SF2，跨过 CPS 常开触点 13、14 直接停止风机，SF1、SF2 复位。

3. CPS 实际接线案例

（1）中间继电器的使用。如图 5-41 所示，此处使用继电器由系统可知是利用其一组常闭点，设置中间继电器是为了弥补外设常开触点、常闭触点不足的缺陷，本案例中选用 HH52P 型，接通 24V 的电源，HH52P 的继电器就闭合，就相当于开关，把接触器的线圈也连通了，断开 24V 的电源，继电器也失电而断开，就等于把接触器的控制线也断开了。本例中不涉及线圈的动作及常开触点，故这里不做介绍，继电器的常闭触点位置于右上两端。

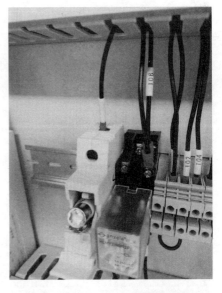

图 5-41 CPS 中间继电器接线照片

对应图 5-40，可见中间继电器上口进线为 106 号信号线，为并联压线，由系统可知中间继电器提供常闭触点 KA，与之对应的是 CPS 的 106 号辅助接线端子，见图 5-42，即为另外一对并联的线路，CPS 侧为 SB1 按钮，按钮设于 CPS 面板，接线则在辅助触点左侧接线排上，均可见线号 106。常闭触点 KA 另外一端串接 CPS 上常开触点 13 上，图 5-42 中可见为 CPS 右侧辅助触点最后面的接线端子。

（2）CPS 辅助触头模块。以 BMKB0-45 为例，辅助触点均在最右侧，上端分别标注为 13、23、31、44、42、95，对应的触点另外一端图 5-42 中未表示，分别为 14、24、32、45、43、98，与二次系统略有不同，常开触点及常闭触点均在其侧面可以查询。

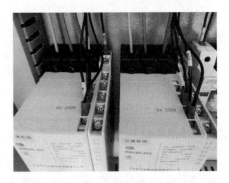

图 5-42 CPS 接线照片

上口黄绿红三线为一次主电源进出，当主电路发生过载（或过流过压、断相缺相等）故障时，CPS 操作旋钮处于 TRIP 档位（脱扣状态），CPS 的辅助触点 95、98 故障报警信号闭合，故障报警指示灯点亮；发生短路时操作旋钮处于 TPIP，05，08 短路报警信号常开触点闭合，短路报警指示灯点亮。消防报警为编号 201、202 的专用常开触点，消防时远控闭合，13、14，23、24 为备用常开触点，31、32 为备用常闭触点，根据实际设计选取，41、42、44 为三触点对倒常开常闭触点，常态为常闭触点，本案例中其常闭触点 41、42 可作为应急停止使用。线圈的接线端子标志为 A1、A2，设备上无表示。

5.9 其余常见末端系统二次原理

1. 联动阀门控制原理一

风机或空调在风机启动时，一般会联动相关的风阀动作，如风机启动电动阀开启，风机关闭电动阀相应关闭，这就需要通过二次图实现联动关系。

一种设计思路是风阀单独供电，通过独立回路接触器控制阀门的开启关闭，适用于风阀功率较大的情况，不适合二次侧电源供给，联动阀门的控制原理如图5-43所示。

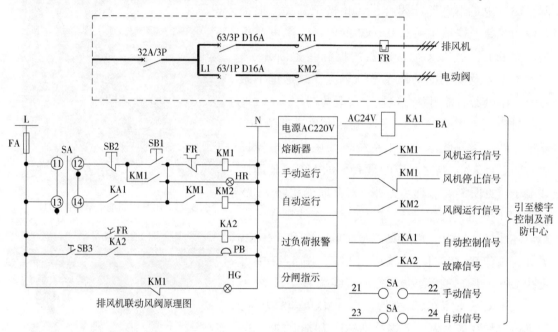

图 5-43 联动阀门控制原理示意一

（1）风机的启动过程同普通风机，不再赘述。启动前，两回路均开关闭合，两接触器主回路受电，电机回路的 KM1 线圈得电后，其常开触点 KM1 闭合后启动风机或水泵，同时使风阀回路导通，KM2 线圈得电，位于风阀处的 KM2 常开触点闭合，使电动阀得电打开；关闭时也是一样，KM1 线圈失电后，KM1 常开触点打开，KM2 线圈再失电，位于风阀处的 KM2 常开触点打开，阀门随后关闭。

（2）自动控制状态下，通过自控信号 KA1 常开点得电，使 KM1 线圈得电启动风机，后同手动启动，不再赘述。

（3）过载报警。风机等设备故障报警后，由于案例是非消防风机，所以主电路的 FR 常闭触点打开，会断开主回路，过负荷报警段的常开触点 FR 闭合，KA2 线圈得电，KA2 常开触点闭合，PB 声光警报器发出故障声光报警。

2. 联动阀门控制原理二

第二种思路是不单独配出支路对风阀进行控制，通过风机的二次控制回路对风阀实现控制和供电，控制原理如图 5-44 所示。

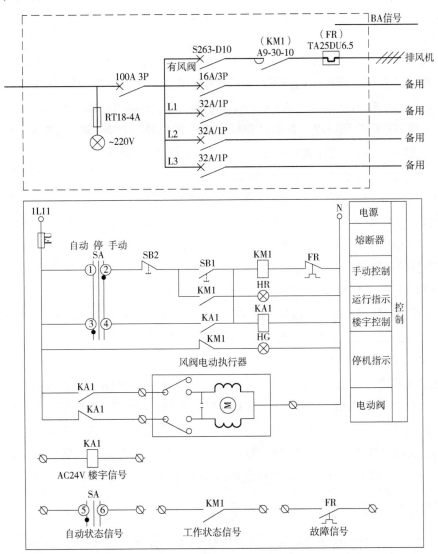

图 5-44　联动阀门控制原理示意二

（1）风阀启动。风机的启动过程同普通风机，不再赘述。启动前，KM1 常开触点闭合后，启动风机或水泵，并完成自锁，同时使 KA1 线圈得电，风阀内部是一个倒闸，如双控开关，与其前常开触点 KA1、常闭触点 KA1 分别连线，只能选择一种状态，默认风阀为断开的状态，所以即便前常闭触点 KA1 默认闭合状态时，常开触点 KA1 默认为打开状态，阀门回路也并不能接通。当位于风阀处的 KA1 常开触点闭合，回路接通，使电动阀得电启动，同时常闭触点 KA1 打开，保证不出现同时供电故障。

（2）风阀关闭。关闭时也是一样，KM1 线圈失电后，KM1 常开触点打开，KA1 线圈失电，位于风阀处的 KA1 常开触点打开，回路断开，阀门关闭，KA1 常闭触点闭合，准备下次阀门的随时启动。

（3）过载动作。风机等设备故障报警后，由于案例是非消防风机，所以线圈电路的 FR 常闭触点打开，断开 KM1 线圈同路，风机停止；如是消防风机，则增设过载报警指示，不会动作跳闸。

（4）信号指示灯。未启动时，KM1 常开触点打开，合闸运行红色指示灯 HR 熄灭，常闭触点 KM1 闭合状态，停止绿色指示灯 HG 点亮；启动后，常开触点 KM1 闭合，合闸运行红色指示灯 HR 点亮，常闭触点 KM1 打开状态，停止绿色指示灯 HG 熄灭。

（5）正反转阀门控制原理。在电气设计中常见阀门具备开合功能，即具备阀门正反转功能，适用现场无阀门行程开关的情况，控制原理如图 5-45 所示。

1）风机启动。风机的启动过程同普通风机，启动后 KM 线圈得电，不再赘述。

2）风阀启动。可见阀门开启回路和关闭回路两段各设有一个专用接触器，与单向阀门不同，分别为 KM1 及 KM2，风机启动后，阀门开启段的 KM 常开触点闭合，同时使 KM1 线圈得电，此处风阀内部仍是一个倒闸，如双控开关，KM1 主回路得电，风阀正向运行，此时阀门关闭段的常闭触点 KM 保持关闭。

3）风阀关闭。关闭时也是一样，当需要关闭阀门，风机先停止后，阀门开启段的 KM 常开触点打开，KM1 线圈失电，KM1 主回路失电，风阀正向停止运行，此时阀门关闭段的常闭点 KM 恢复闭合状态，回路接通，同时使 KM2 线圈得电，进而 KM2 主回路得电，使电动阀反向运转，也保证不出现同时供电故障。

4）过负荷报警热继电器 FR 为过载保护。设于中间继电器 1KA 接触器线圈一侧，过载后热继电器动作断开，KA1 线圈得电，其常开触点 KA1 闭合，KA2 常闭触点保持闭合，声光报警装置 PB 得电运行，电机并不停止运行，需要解除警报时，按下按钮 SB3，设于中间继电器 KA2 接触器线圈一侧，KA2 线圈得电，其常开触点 KA2 闭合，完成自保持，声光报警段的常闭触点 KA2 打开，声光报警装置 PB 失电停止运行。

3. 远程按钮控制盒二次原理

现行规范对于厨房、柴油发电机房、燃气锅炉房、数据中心等排风机如要考虑事故排风，室外门口和室内靠近风机的位置需设置现场启动风机按钮，使风机在内部和外部都可以控制启停；还有正压、排烟、厨房排油烟等风机设置于屋面，柜体在井道内或配电小间内，设备与相关控制柜距离较远时，也会设置现场控制按钮。

外接按钮的二次图的特点是将外接按钮在一次图中设于箱体外部，以虚线框的形式表示在二次图内，需注意如有外接指示灯时，同样要用虚线框表示出为外放示意。以厨房油烟机的二次图为例，带按钮控制盒补风机原理如图 5-46 所示。

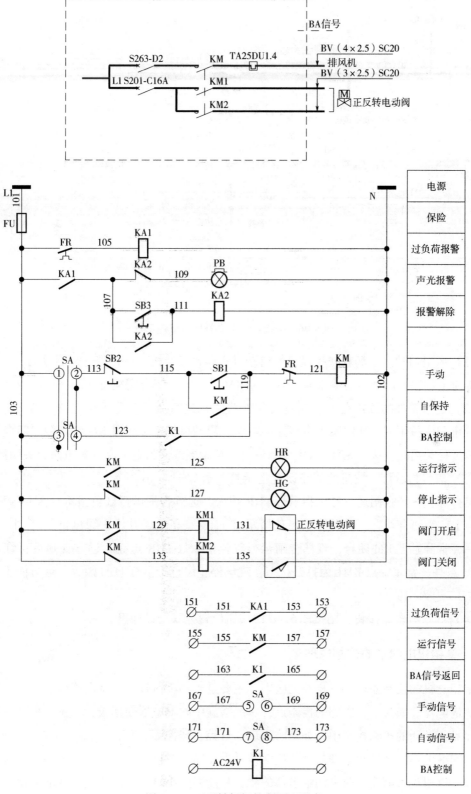

图 5-45　正反转阀门控制原理示意

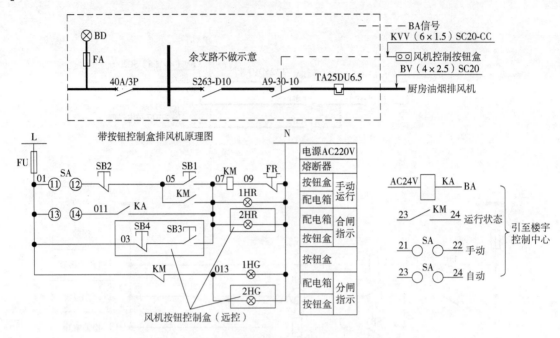

图 5-46　带按钮控制盒补风机原理示意

（1）风机启动。现场和楼控风机的启动过程同普通风机，不再赘述。启动时，KM 线圈得电接通主回路，启动风机或水泵，并通过 KM 常开触点闭合完成自锁。

（2）通过箱外的按钮在现场或是房间外对风机进行遥控，远程按钮盒越过 SA 转换开关，按钮 SB3 按下后 KM 线圈得电接通主电路，启动风机，并通过 KM 常开触点闭合完成自锁；需远程关闭时，按下 SB4，KM 线圈失电，接触器线圈失电，断开主电路，关闭风机。

（3）信号指示灯。按钮处如需设置指示灯，可如图 5-46 所示增设。未启动时，KM 常开触点打开，现场合闸运行红色指示灯 1HR 熄灭，远方合闸运行红色指示灯 2HR 熄灭，常闭触点 KM 为闭合状态，现场停止绿色指示灯 1HG 点亮，远方停止绿色指示灯 2HG 点亮；启动后，常开触点 KM 闭合，现场合闸运行红色指示灯 1HR 点亮，远方合闸运行红色指示灯 2HR 点亮，常闭触点 KM1 为打开状态，现场停止绿色指示灯 1HG 熄灭，远方停止绿色指示灯 2HG 熄灭。

（4）如果有多组按钮，则按图 5-46 中按钮位置并联增设即可。

4. 单相用电回路的控制原理

单相电机的控制原理同三相并无区别，主要是单相负荷较小，则电流很小，所以不需要设置热继电器，如为了二次侧的控制点，一般搭配中间继电器使用较为常见，另外一种单相控制多见于照明的单相控制中，如消防强启、灯控、楼控等。

中间继电器的结构和原理与交流接触器基本相同，与接触器的主要区别在于：接触器的主触头可以通过大电流，而中间继电器的触头只能通过小电流，因为其过载能力比较小，所以用于控制电路中是没有主触点的，用的全部都是辅助触头，且数量比较多，如图 5-47

所示。

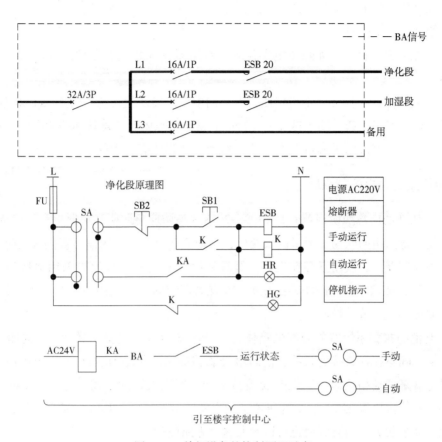

图 5-47　单相设备的控制原理示意

（1）单相设备。指非消防的风机、空调、热风幕、大面积照明等。这里为了介绍单相接触器的特点，采用了 ABB 的 ESB20 系列接触器，该接触器仅有一个常开触点及一个常闭触点，仅完成启动和停机尚可，案例中如有外放信号的配出，则辅助触点不足，故在单相设备的二次原理图中，如所选择的接触器辅助触点不足以完成功能要求时，需要引入中间继电器，本案例中即为继电器 K。

手动启停时，SA 转换开关打在手动操作位置时，手动控制状态下按下启动按钮 SB1，使线圈 ESB 得电，此时就可以接通主回路，同时中间继电器 K 线圈也得电，其常开触点 K 闭合，SB1 复位，完成自锁，启动风机。停止时按下停止按钮 SB2，使线圈 ESB 失电，主回路断开，停止风机，SB2 复位，同时线圈 K 失电，常开触点打开，二次回路断开。

（2）自动控制。自动控制状态下，SA 转换开关打在自动操作位置时，遥控 BA 信号接至中间继电器 KA，继电器的常开触点 KA 闭合，进而使 ESB 线圈、中间继电器 K 线圈得电，启动风机亦同。

（3）信号指示灯。未启动时，分闸指示回路 K 常闭触点保持闭合，回路为得电状态，分闸绿色指示灯 HG 点亮；启动后，分闸指示回路 K 常闭触点打开，回路为失电状态，分闸绿色指示灯 HG 点亮。同理未启动时，合闸指示回路 K 常开触点保持打开，回路为失电状态，合闸红色指示灯 HR 熄灭；启动后，合闸指示回路 K 常开触点闭合，回路为得电状态，合闸红色指示灯 HR 点亮。

（4）单相回路负荷小，无热继电器设置，断路器完成相应热保护，所以二次图不存在热继电器。

（5）外放回路。相同之处不再赘述，本案例中专门提及运行状态的外放 ESB 常开触点，为正常运行外放回路，通过端子排外引，得电后常开触点闭合，确认回路闭合中，正是因为有了这个外放的需求占用了 ESB 的唯一常开触点，所以才有了中间继电器 K 的使用。

5. 应急照明强启控制原理

（1）自从新的应急照明规范 GB 51309—2018《消防应急照明和疏散指示系统技术标准》推出后，使应急照明的联动发生了巨大变化，启动应急照明多采用信号直接送至应急照明集中电源集中控制器，二次图不存在表达，灯具采用 A 型灯具，故原先采用强启的要求仅适用于 B 型灯具，要求 8m 以上的安装高度，或有局部装修无法采用新规时，才可设置强启，所以适用面极小，本节一带而过。

（2）与消防报警系统有关的配电箱体，涉及消防信号的报警及联动，消防报警属于弱电，和强电之间不存在直接的联系，消防报警能够提供的仅是 DC24V 的直流电源，必须通过中间继电器来联动相关的 AC 220V 交流接触器，所以设置的中间继电器主要起一个中间转换作用，箱体内设置 220V/24V 变压器，为中间继电器供电，系统中或有表示，有时也不刻意表达，其余相关与消防联动也可以参照这个思路设计。

（3）比较典型的应急照明强启控制二次图原理如图 5-48 所示。

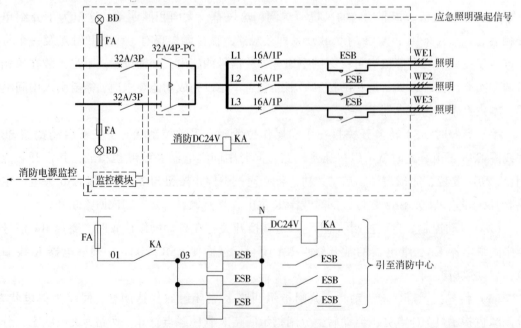

图 5-48　应急照明强启控制原理图示意

1）DC 24V 消防信号送到应急照明箱内中间继电器 KA，其线圈得电后，KA 常开触点闭合，使 ESB 接触器线圈得电，主回路闭合，达到强启应急照明的作用。本案例不存在指示的要求，仅是返送，故不需增设中间继电器。

2）按回路数并接照明用接触器，消防强启信号通过中间继电器 KA 联动所有强启回路。

6. 直流、交流信号在二次原理图中的区别

（1）继电器线圈常规的电流为 AC220V，但同消防报警类似，也有 AC24V 的情况。前文可见与楼控（BA）有关的配电系统，均涉及楼控信号的二次原理，楼控信号同属于超低压供电，和强电之间不能直接串入混接，楼控信号如是 AC 24V 的交流信号，则需要在 AC 220V 的控制回路中增加变压器，转换为 AC 24V 给中间继电器提供电源，再进行控制，不再赘述原理。

需注意的是消防控制是 DC24V 信号，BA 信号则是多种，DC24V、AC 24V 信号均有，需要与自控原理中对应一致，在设计中不要混淆。如图 5-49 所示，BA 信号为 AC24V，则串入 AC 24V 中间继电器线圈回路中，着重注意变压器的设置内容，实际设计中也考虑到图面紧凑的问题，变压器和中间继电器也可不在图中表示，但其电源来源还是要标注清楚。

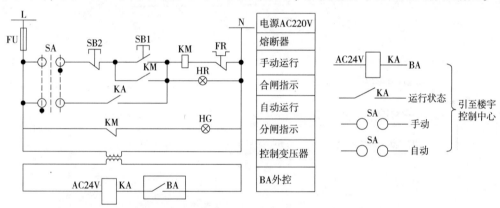

图 5-49　需转换为 AC 24V 的交流信号示意

（2）电气设计应表示用电设备的电动机主接线图、二次回路原理图，如果有现成图集参考，或是设计人员不熟悉如何绘制，可以采用图集相关做法，但一定要有所表示，可在系统图或说明中表示相关二次原理图的方案号。而配电箱厂应出具对于原理图的深化图，同样设计人员要予以再次核对，而不能听之任之，认为厂家的东西就一定合理。设计人员要把控二次接线图是否可完成设计意图，与楼控系统图是否表达一致，与一次系统图是否相互对应，端子接线图是否齐全，进线、联络等有无安全闭锁装置等内容，几种系统之间是一一对应，但会出现在不同的图纸之中。如图 5-50 所示，为 BA 信号中为 DC24V 模拟信号的案例，楼宇自控的信号采集点，DC24V 启停控制，为一组 DO 数字输出，至中间继电器线圈 1KA，完成启停控制，而各种信息返回信号，如手自动转换状态、故障报警、运行状态（工作状态）等三种外放信号，在楼控系统图中同样对应，为三组 DI 数字量输入，这四个点也是动

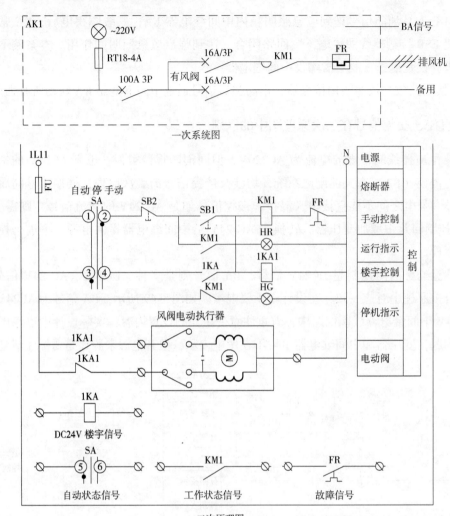

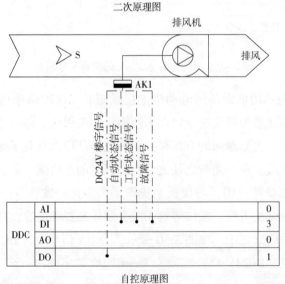

图 5-50 一次系统、二次原理、自控原理对应示意

力设备最基本的 BA 控制要求，所以二次原理图应该按楼控系统图→二次原理图→一次原理图的顺序进行核对和绘制，逻辑性就会正确。

7. 时控模块控制原理

（1）道路照明电气的控制要求。路灯采用变功率设置，控制方式采用全半夜制的控制，可自动熄灭 LED 灯，道路照明均在各照明箱集中控制，可采用手动和自动两种控制方式，手动控制在配电柜上面板上操作，自动控制采用时控装置（或由路灯管理所采用远程遥控）统一开启控制，时控器控制原理图和照明系统如图 5-51 所示。

（2）手动控制原理。手动启停时，SA 转换开关打在手动操作位置时，手动控制状态下按下启动按钮 1SB，使中间继电器 1KA 线圈得电，其常开触点 1KA 闭合，1SB 复位，完成自锁，运行段中 1KA 常开触点闭合，1KM 接触器线圈得电，接通主回路，点亮照明，第二路及第三路启动亦同，不再重复，根据情况现场选择。停止时按下停止按钮 1SB，使线圈中间继电器 1KA 线圈失电，1KA 常开触点打开，1SB 复位，1KM 接触器线圈失电，主回路断开，断开照明，第二路及第三路亦同，不再重复。

（3）自动控制。自动控制状态下，1SA 转换开关打在自动操作位置时，以 1 号时控器 1KT 为例，1KT 线圈到时接通，其常开触点 1KT 闭合，二次回路导通，时控信号至中间继电器 4KA，进而使 4KA 线圈得电，运行段中的 4KA 常开触点闭合，1KM 接触器线圈得电，接通主回路，点亮照明，第二路及第三路启动亦同，不再重复。停止时以 1 号时控器 1KT 为例，1KT 线圈到时断开，其常开触点 1KT 打开，使线圈中间继电器 4KA 线圈失电，4KA 常开触点打开，1KM 接触器线圈失电，主回路断开，断开照明，第二路及第三路亦同，不再重复。

（4）自动及手动的两常开触点为并联关系，有一处常开触点闭合即可。

8. 客房控制系统二次原理

（1）客房控制系统的 RCU 自带系统并不在二次原理图中进行表达，厂家负责，但是从客房控制器 RCU 到受控回路接触器需要在二次侧进行完成，本小节描述该功能控制原理。

（2）控制原理。如图 5-52 所示，当房卡未接通电源时，两组调速开关通过旁路电源为空调盘管进行供电，使空调电源自动接入低速模式，在客人未入住之前，通过 RCU 自动保持低速运行状态，当客人入住后，插电卡通电后，脱离原先的低速运行模式，将控制权交给客人，不同之处是服务中心可以对调速开关进行远程控制。插入房卡后，引自弱电 RCU 控制器系统的信号，要求 01、03 处常开触点接点瞬动闭合、延时打开，使接触器 ESB 线圈得电，进而使受控回路接通，可进行现场开合。

9. 智能电表二次原理

（1）功能。多用户智能电表集成了电量测量显示、预付费控制、电能计量及通信管理

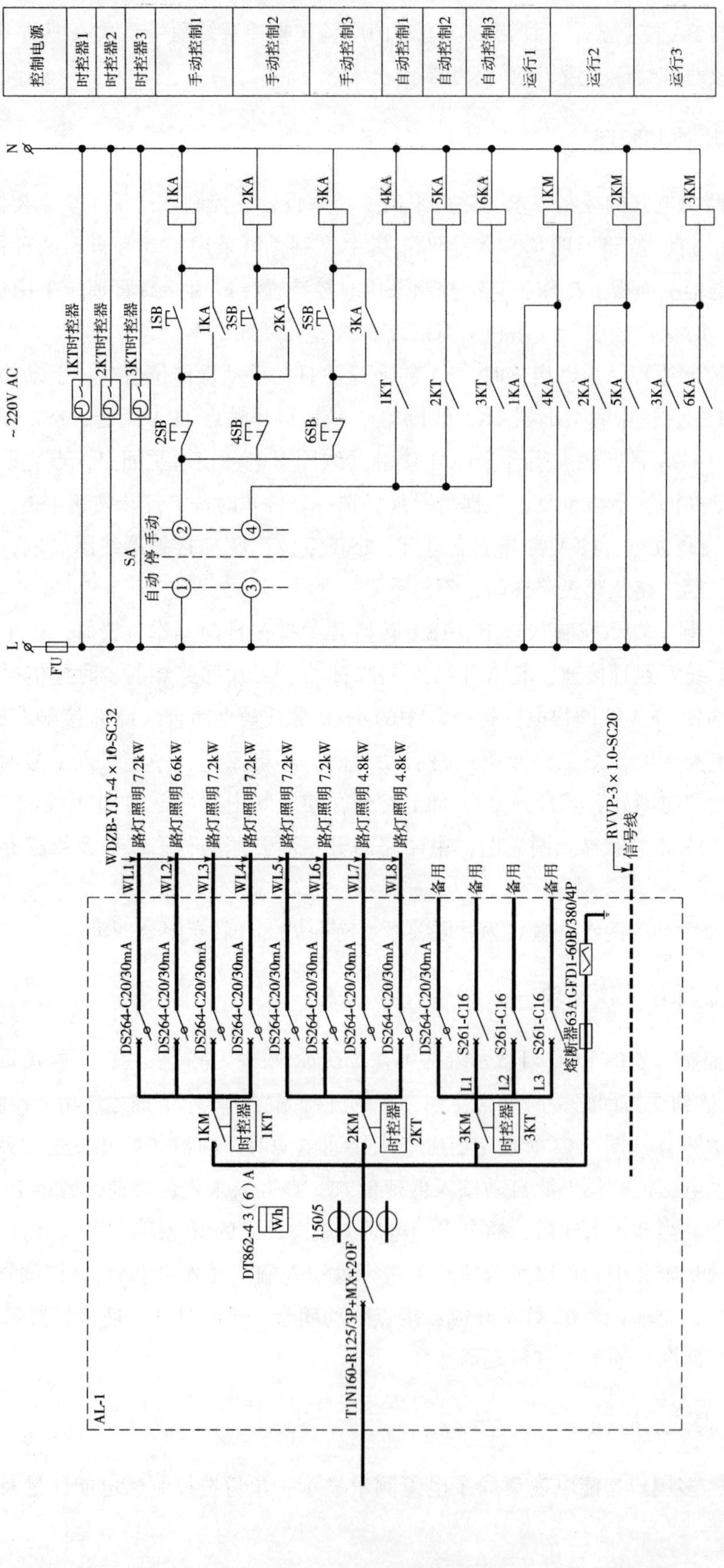

图5-51 路灯控制原理示意

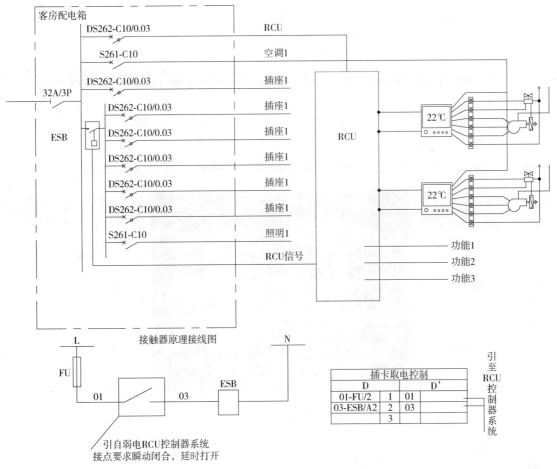

图 5-52　客房 RCU 控制原理示意

等功能。具有集中安装、分户计量、预付费管理、一户一表循环显示、防窃电及恶性负载识别等特点。可用于能源计量费控制及建筑能效管理，更适用于箱体尺寸不足但计量用户繁多的情况。产品具有多种通信接口及网络连接方式，可方便接入智能建筑计量能效管理系统，故更适用于联网的场合。

（2）二次原理案例分析。如图 5-53 及图 5-54 所示，上端需要接入三相电源，即图 5-54 中的 11、13、15、N 线，图 5-53 与图 5-54 一致，为电表模块的电源端。系统中的通信端为 A1、B1 两端，上传远端服务器，图 5-54 中为智能电表的下端两线 A1、B1，端子排图亦同。电表右侧则是至分户的供电线缆上进及下出，图 5-54 不予以展开示意。

10. 气体灭火风机二次原理

事故风机使用在气体灭火、燃气厨房等场所，运行风机使已产生的有毒、有害气体排出室外，并非消防使用风机，也非消防负荷，但需注意根据现行的规范，事故风机在配电箱处及风机处均需设置按钮，以方便在现场进行启停这一点的要求，以大型厨房为可燃气体泄漏所设置的事故风机为例，如图 5-55 所示，配电箱及风机处均设置了启停按钮。

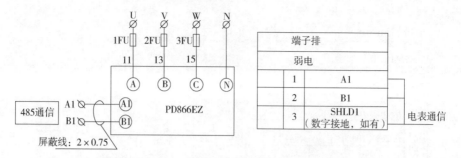

图 5-53　智能仪表盘厂附图示意

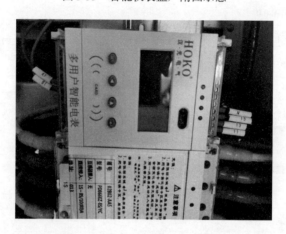

图 5-54　智能仪表盘厂接线照片

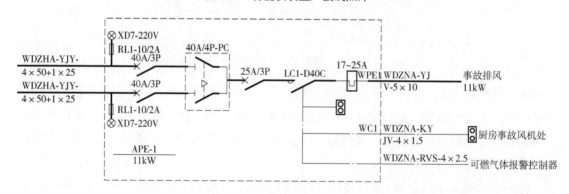

图 5-55　事故风机一次系统示意

（1）气体灭火的工作原理。灭火控制器配有感烟火灾探测器和定温式感温火灾探测器。控制器上一般有控制方式选择锁，当将其置于"自动"位置时，灭火控制器处于自动控制状态。当只有一种探测器发出火灾信号时，控制器即发出火警声光信号，通知有异常情况发生，而不启动灭火装置释放灭火剂。

1）手动控制方式。将控制器上的控制方式选择锁置于"手动"位置时，灭火控制器处于手动控制状态。这时，当火灾探测器发出火灾信号时，控制器即发出火灾声光报警信号，而不启动灭火装置，需经人员观察，如确需启动灭火装置灭火时，可按下保护区外或控制器操作面板上的"紧急启动按钮"，即可启动灭火装置，释放灭火剂，实施灭火，但报警信号仍存在。

2）自动控制方式。当两种探测器同时发出火灾信号时，控制器发出火灾声光信号，告知控制中心有火灾发生，有关人员需撤离火灾场所，并发出联动指令，关闭风机、防火阀等联动设备，经过一段时间延时后，即发出灭火指令，打开电磁阀，启动气体打开容器阀，释放灭火剂，实施灭火。如在报警过程中发现不需要启动灭火装置，可按下保护区外的或控制操作面板上的"紧急停止按钮"，即可终止灭火指令的发出。

无论装置处于自动或者手动状态，按下任何紧急启动按钮，都可启动灭火装置，释放灭火剂，实施灭火，同时控制器立即进入灭火报警状态。

3）应急机械启动方式。在控制器失效的情况下应急使用，值班人员判断为火灾时，应立即通知现场所有人员撤离，在确定所有人员撤离现场后，实施紧急机械启动，手动关闭消防的联动设备，之后切断电源，打开对应保护区选择阀，成组或逐一打开对应保护区储瓶组上的容器阀，即刻实施灭火。

（2）平时通风。非事故风机接入风机停止回路。气体灭火时风机停止，减小空气流通，便于灭火气体迅速产生作用，也避免将灭火气体抽出。火灾传感器检测到火灾时，气体灭火控制器工作，打开灭火电磁阀，放出气体灭火。同时风机停止，并发出声光报警信号。

（3）事故通风。事故风机二次原理如图 5-56 所示，控制逻辑如下。

1）风机启动。风机的启动过程同普通风机，不再赘述，KM 线圈为主回路接触器。启动前，现场启动按下 SB1，远程启动按下 SB14，均可使 KM 常开触点闭合，启动事故风机，并完成自锁。

2）风阀启动。如上文所述，当为手动启动风阀排出有毒气体，与普通风机和风阀联锁关系不同，气体灭火的风机也只是一台，但是风阀有多组，可以现场确定开启几组。

仅需要开启风阀 1，则按下 SB11 按钮，KA1 线圈得电，风阀内部是一个倒闸，如双控开关，与其前常开触点 KA1、常闭触点 KA1 分别连线，只能选择一种状态，默认风阀为断开的状态，所以即便前常闭触点 KA1 默认闭合状态时，常开触点 KA1 默认为打开状态，阀门回路也并不能接通。当位于风阀处的 KA1 常开触点闭合，回路接通，使电动阀得电启动，同时常闭触点 KA1 打开，保证不出现同时供电故障。同时风机运行段的 KA1 常开触点闭合。

3）风阀关闭。关闭时也是一样，先要关闭风机，现场启动按下 SB2，远程启动按下 SB24，均可使 KM 线圈失电，KM 常开触点打开，风机失电停转，而风阀同理，则是 KA1 线圈失电，位于风阀处的 KA1 常开触点打开，回路断开，阀门关闭，KA1 常闭触点复位，准备下次阀门的随时启动。

4）过载动作。风机等设备故障报警后，由于本案例是非消防风机，所以线圈电路的 FR 常闭触点打开，断开 KM1 线圈同路，停止风机运行。若是消防风机，则增设过载报警指示，不动作跳闸。

5）信号指示灯。未启动时，HG1 绿色电源灯通电，证明二次回路有电。启动后，常开触点 KM 闭合，合闸运行红色指示灯 HR4 点亮，相应风阀也是同理，如风阀 1 动作，KA1

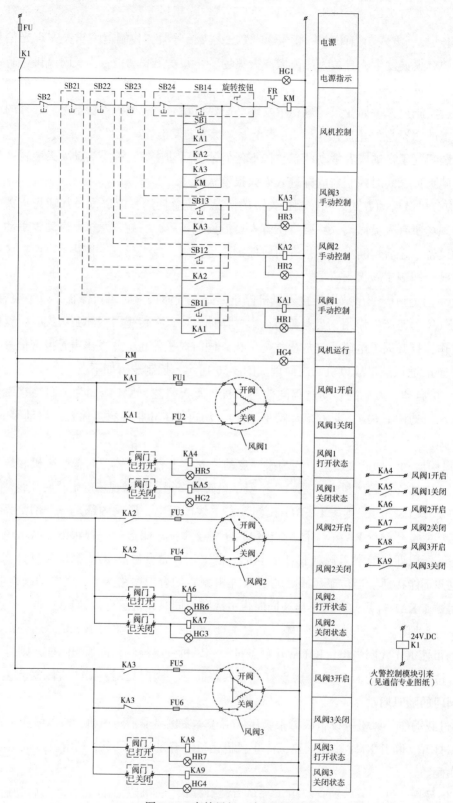

图 5-56 事故风机二次原理示意

回路接通，其运行红色指示灯 HR1 点亮。该案例中对于风阀的状态设有状态指示灯，当风阀 1 保持开启，其运行红色指示灯 HR5 点亮，同时 KA4 线圈得电，为外放的运行常开触点 KA4 送出信号；当风阀 1 保持关闭，其运行绿色指示灯 HG2 点亮，同时 KA5 线圈得电，为外放的运行常开触点 KA5 送出信号。

6）当可燃气体通过探测器检测没有泄露时，相关消防信号至干接点线圈 K1，则断开二次主回路的 K1 常闭触点，整个气灭系统关闭，如是气体灭火等灾后通风，则不存在消防干接点线圈，手动关闭风机，同平时通风机。

第6章　消防报警二次原理图设计实操

6.1　电气火灾监控系统实操

1. 功能介绍

（1）系统功能。为准确监控电气线路的故障和异常状态，及时发现电气火灾的隐患，其工程设电气火灾监控系统，用于监测配电系统漏电状况，有效防止漏电火灾的发生。电气火灾监控系统在各区域根据配电系统的性质和用途配置安装监控探测器，以监测相应区域配电系统的剩余电流，或者探测电气部件的异常温升，消除电气设备的火灾隐患，当被测回路的剩余电流值超出设定值时，将采集到的剩余电流信号通过 CAN 总送线实时传送至消防监控中心主机，并发出声光报警信号，但需要注意并不用于跳闸。探测漏电电流信号，准确找出故障地址，监视故障点变化。集中监控被测回路的漏电的电流值，当被测值超过设定值时，发出声光信号报警，报警值连续可调。实时监控配电系统漏电及信息，显示系统电源状态。电气火灾监控设备同样需要具有记忆、存储、打印漏电及温度信息的功能。

（2）设计依据。可见规范 GB 50116—2013《火灾自动报警系统设计规范》中："电气火灾监控系统可用于具有电气火灾危险的场所"。各地要求不甚相同，以北京为例，则又有相关的地方标准予以着重要求，可见"消监字〔2017〕53 号：北京市公安局消防局关于印发积极推进电气火灾监控系统安装应用实施意见的通知"，要求北京地区必须设置该系统。

2. 模块设置位置

在配电系统中漏电可能性高的配电线路上设置漏电监测点，电气火灾监控系统多在一级配电箱（柜）设置温度监控，依据为 GB 50116—2013《火灾自动报警系统设计规范》中："剩余电流式电气火灾监控探测器应以设置在低压配电系统首端为基本原则，宜设置在第一级配电柜（箱）的出线端"。还需依据工程实际情况而定，如为高压进线，则设于变配电室低压柜的出线回路；如为低压进线，则设于低压主进处，如图 6-1 所示。如项目较小，不单独设置消防控制室，则可在主进开关上采用独立式电气火灾监控探测器，前提为不超过500mA。当回路的自然漏电流较大，在供电线路泄漏电流大于 500mA 时，采用门槛电平连续可调的剩余电流动作报警器或分段报警方式抵消自然泄漏电流的影响，即在其下一级配电柜的主进开关或是总箱的分支回路开关上分别设置剩余电流动作报警器，但泄漏电流多较小，如为300mA，如图6-2所示。

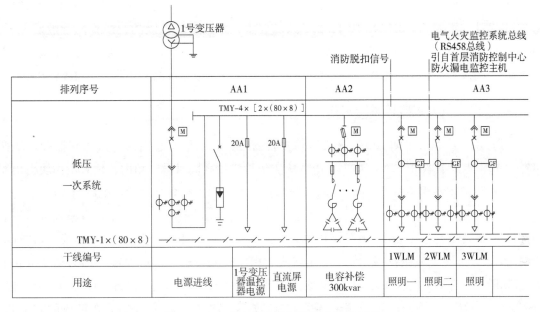

图6-1 电气火灾监控设于低压出线处示意

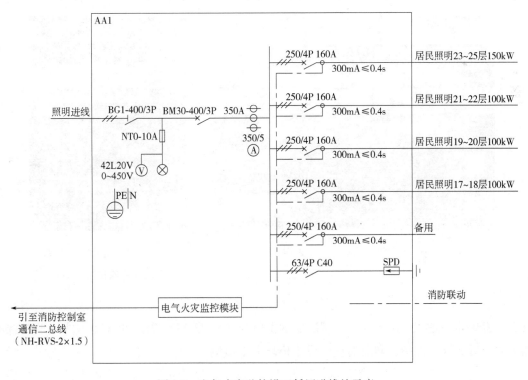

图6-2 电气火灾监控设于低压进线处示意

3. 总线及布线

电气火灾监控报警系统的导线选择、线路敷设、供电电源及接地，均按火灾自动报警系统要求设计，可参见 GB50116 中 11.2.2 条的要求，不同电压等级的线缆不同管敷设即可。电气火灾监控系统同前电气系统类似，可采用标准工业 RS485 总线或 CAN 总线连接，因需要测量，则线型为五类以上屏蔽双绞线（如 STP-CAT6）或是屏蔽软电缆（如 RVVSP）。

4. 柜内电气火灾监控系统实操

（1）由一次系统可知，电气火灾监控主要内容分为电流互感器与电气火灾监控模块两部分，电流互感器设于出线电缆上，电气火灾监控模块则同时设于箱内，信号由模块引出箱外，去消防控制室相关主机。（注：以盛赛尔公司为案例进行介绍，消防电源监控亦同）

（2）本案例中所有电流互感器接点线为奇数排序，如图 6-3 所示，电流互感器成排安装于相关的出线开关下口，出线电缆穿其圆形孔洞而过，本案例尚未布线，未见缆线。如图 6-4 所示的 43、45 等，其余排序亦同，在电气火灾模块侧则一进一出式接线，即为菊花链式串接，如图 6-5 所示，仅有线号 41 为单进，线号 57 为单出，其余 43、45、47、49、51、53、55 等点为公共点，两线压接于一个端子上，其含义即链接。信号采集设在模块的右上侧，可以看出，任何一个电流互感器漏电值超标时，通过链接式拓扑，系统都会发出报警。

图 6-3　电气火灾监控电流互感器柜内安装照片

图 6-4　单个电气火灾监控
电流互感器接线 1 照片

（3）由图 6-6 可见电气火灾模块左下侧为电源进线，编号为 71，而模块右侧的熔断器其上口有单相的进线，由图 6-6 中熔断器的上口为 NA，下口为 71，可见电气火灾监控探测器需要设置熔断器保护，与之对应，设于模块的上口侧。

（4）电气火灾监控模块右下侧可见有 A、B 两线，则为消防 24V 的输出接点，至端子排，通过图 6-6 中的端子排，转接消防输入信号，目前可见，下口未有输出，待现场时进行连线。

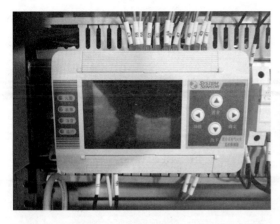

图6-5　单个电气火灾监控电流互感器接线2照片

图6-6　电气火灾监控熔断器及端子排接线照片

6.2 消防电源监控系统实操

1. 系统概述

（1）设计依据。消防设备电源状态监控器通过中文实时显示消防用电设备的供电电源和备用电源的工作状态和故障报警信息，及被监测消防电源的电压、电流值，准确显示故障点的位置。如图6-7所示，不同场所采用的消防电源监控模块是不同的，进线侧设置电压监控模块，常为欠压报警，按GB 51348《民用建筑电气设计标准（共二册）》要求，需设于双电源切换开关的后侧。出线端若设置（规范并无明确要求），则设置电流及电压监控，分别为过电流报警及欠压报警，所以如图6-7所示，左侧的是进线处的电压信号传感器，右侧的则是电压/电流信号传感器，用于配出回路。

（2）规范出处。见规范GB 50116—2013《火灾自动报警系统设计规范》中："消防控制室内设置的消防设备应包括火灾报警控制器、消防联动控制器、消防控制室图形显示装置、消防专用电话总机、消防应急广播控制装置、消防应急照明和疏散指示系统控制装置、消防电源监控器等设备或具有相应功能的组合设备"。同样，在国家标准GB 25506—2010《消防控制室通用技术要求》中也有类似的相关要求。

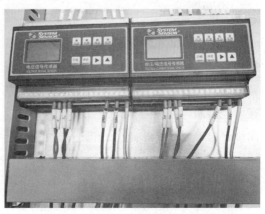

图6-7　两种消防电源监控模块的区别

（3）系统要求。消防设备电源状态监

控器专用于消防设备电源监控系统，并独立安装于消防控制室内，不兼用其他功能的消防系统，不与其他消防系统共用设备；能通过软件远程设置现场传感器的地址编码及故障报警参数，方便系统调试及后期维护使用。

2. 设备构成

系统由消防电源监控主机、消防电源监控信号传感器及电压、电流传感器组成，消防设备电源状态监控器在各类消防设备供电的交流或直流（包括主电源和备用电源）发生中断供电、过压、欠压、过流、缺相等故障时，发出声光报警信号，并将工作状态和故障信息传输给消防控制室图形显示装置。

3. 探测器设置位置

原则上所有消防电源监控信号传感器均安装在配电柜（箱）内，这一点与消防报警的模块有所不同，虽然消防报警模块严禁设置于箱体内，但消防电源监控与电气火灾监控模块并无明确说法，看照片可知，互感器在双路电源前端或双电源互投的后端，为系统的稳定性考虑，与之配合的控制器也就不便于设于箱外。消防电源监控模块要在消防动力及应急照明一级及二级配电箱、配电柜内设置，故只要是消防时使用的双电源箱体均需要设置。

4. 总线及布线

消防电源监控系统可采用标准工业总线连接，各信号传感器按手拉手放式连接，以保证通信可靠性，系统通信协议同样可采用 CAN 或 RS485 总线，依据距离远近和设备要求进行取舍，消防电源监控信号传感器需同时接入通信及 DC24 控制电源回路，可采用通信线 + DC24V 电源线共管敷设。如：WDZN – RYJS – 2 × 1.5 + WDZN – BYJ – 2 × 2.5 – SC20，前为低烟无卤的通信线，后为低烟无卤的直流特低压电源线。

5. 电源要求

系统主机安装在消防控制室，信号传感器的供电由消防设备电源状态监控器集中供给，主机自带 DC24V 应急电源，可以取自消防报警系统自备的 3h 放电时间 UPS 电源。消防设备电源状态监控器具有实时打印功能及记录功能，如可记录不少于 99 条相关报警故障信息，并在监控器断电后保持 14 天，记录的相关故障信息可通过监控器或其他辅助设备查询，施工图设计时根据产品特点予以描述即可。

6. 系统设计

分为两部分，需要在消防电气系统图中表达模块安装，并有消防电源监控系统拓扑图，需注意由于是消防电源的监控，所以拓扑图中不能出现普通电源编号的箱体。消防电源监控拓扑如图 6-8 所示，一次侧如图 6-9 所示。

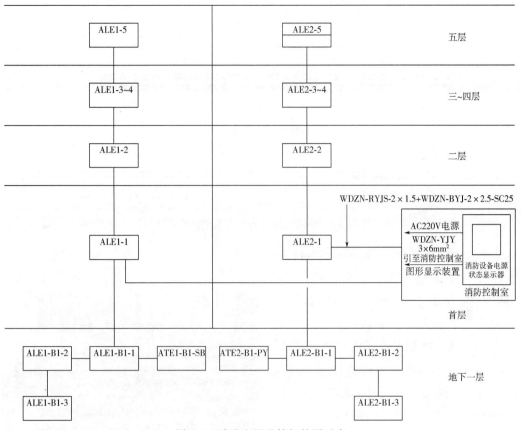

图 6-8 消防电源监控拓扑图示意

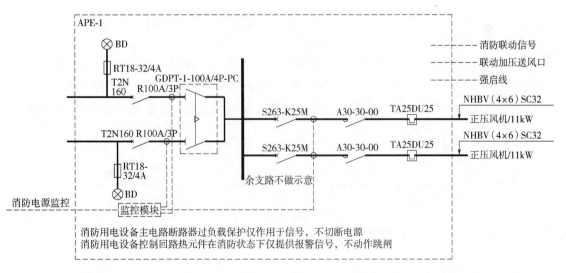

图 6-9 消防电源监控一次图示意

7. 案例接线

（1）如图 6-10 所示，为盘厂模块接线系统示意，图 6-11（见文前彩插）、图 6-12 为实

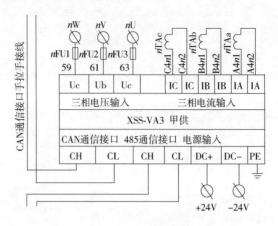

图6-10　消防电源监控模块系统接线示意

际接线照片，接线侧1H即为高电压，1L为低电压，为消防电源监控配出的信号线，±24V为消防报警输入的电源线路，黄绿色线（最右侧）为信号传感器的接地线，如上口的29、31、33则是电压检测的信号线，而A422及A421线等更容易辨识，是进线电流检测，同样采用电流互感器采集信号。该案例中通信接口提供了两种接口CAN总线及485总线，实际区别是1H、1L为CAN总线，H、L为485总线，照片中未涉及。

图6-12　消防电源监控模块上口接线照片

（2）消防电源监控与电气火灾监控的区别。消防电源监控检测的是每一相的电流，而电气火灾监控系统检测的是三相或单相（如为单相回路）与N线之间的漏电电流，这与规范编制的初衷一致，消防电源监控的是每一相消防电缆的状况，电气火灾监控的则是整根电缆的漏电电流，如图6-13及图6-14所示。

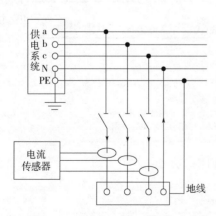

图6-13　消防电源监控原理示意
（图纸来源于网络）

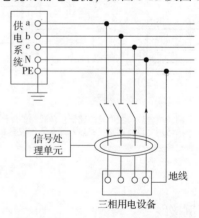

图6-14　电气火灾监控原理示意
（图纸来源于网络）

（3）画法及实际接线均有不同。消防电源监控明显要更加复杂，如图6-13所示每一相均需要设置互感器，图6-15中标志为线号A422及A421，分别代表了A相，第四面柜子，第二台设备，1、2则是进、出的意思。

完成一组消防设备的检测需要三组电流互感器，如图6-15所示的电流互感器1ATa的A422及A421线，电流互感器1ATb的B422及B421线，电流互感器1ATc的C422及C421线，本案例实际上配出的开关仅仅是三只微型断路器，却整整用了一面柜子来完成消防电源监控的功能，可想设计对于施工的影响巨大，好的设计师在追求功能完善的前提下，应该尽量简化设计。

电流互感器输出线路则进入消防电源监控模块的上口，上文有述，不再赘述。

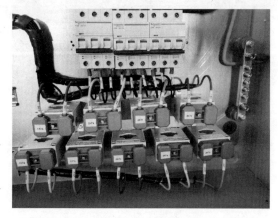

图6-15　消防电源监控电流互感器接线照片

（4）消防电源监控端子排接线如图6-16及图6-17所示，1~4号端子采用连接片，均为24V＋电源，5~8号端子同样采用连接片，均为24V－电源，分别供给四台控制器，下端备接消防电源线，9~12号端子备接CAN或485总线，此处的使用需要根据实际情况而定。

需要注意细节，仅采集电压信号的控制器下接线中H、L及1H、1L两组信号均接入，其余的电压、电流控制器形式，则仅进入两组1H、1L信号，系统与实际接线一致。

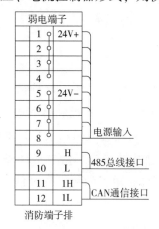

图6-16　消防电源监控端子排接线示意

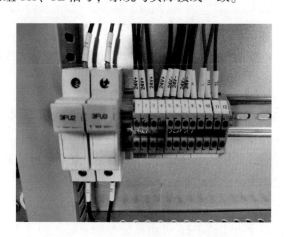

图6-17　消防电源监控端子排接线照片

（5）专用的电压信号检测，没有了电流互感器接入，用于双路进线欠电压报警。如图6-18所示，仅设电压信号传感器，上方接线没有了电流互感器的输入，改为两路电压输入，分别为11、13、15为一路三相消防用电输入，17、19、21为另一路三相消防用电输入，取自进线断路器或是隔离开关的下口处，图6-19可以与之对应，下方的数字信号输出及消防报警信号输出则没有变化。

图6-18　消防电源监控电压信号专用模块接线照片

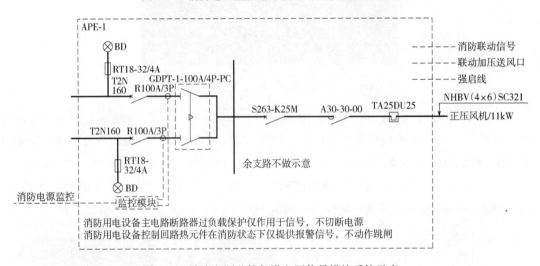

图6-19　消防电源监控仅设电压信号模块系统示意

（6）末端同时有三相电流的检测及单相电流的检测如图6-20所示，这种情况多出现于设有消防备用的情况，且备用还是单相负荷，三相消防设备在上文中已经有示意，单相负荷又为单相预留的情况，现在GB 51309—2018《消防应急照明和疏散指示系统技术标准》已经是设计使用常规规范，单相负荷至分配电装置也是一种常见情况。如图6-21所示，三相设备的电压及电流采集不变。单相出线回路的电压采集同样是单相的相线及N线，如图6-22所示，案例中为N及25号线，取自出线单相断路器的下口处，本案例中可见消防备用的断路器下方出线U2，即电压信号的采集。相应电流互感器也是单相的，如图6-23中的2ATc、A421及N421，仅设一相电流互感器。

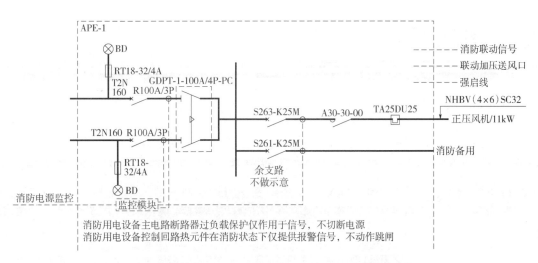

图 6-20　消防电源监控同时有三相电流的检测及单相电流检测的系统示意

图 6-21　消防电源监控三相设备的电压及电流模块接线照片

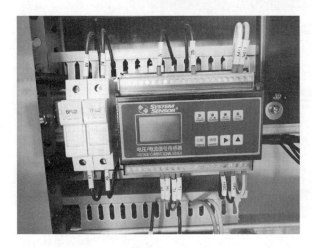

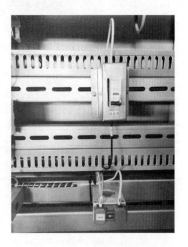

图 6-22　消防电源监控单相设备的电压及　　　图 6-23　消防电源监控单相设备
　　　　　电流模块接线照片　　　　　　　　　　　　的电流互感器接线照片

6.3 消防配电系统实际案例

1. 消防配电介绍

（1）消防动力系统图与普通动力系统图的设置类似，不同之处在于需要增加双电源互投装置及双路电源，当然如果为三级负荷的消防设备，也不用双路电源及末端互投机构，这里只是介绍双电源理念下的消防配电，以最复杂的 CPS 为例（前文有过介绍，当时案例中按 CPS 命名，这里可对比差别，本案例附图中 CPS 型号标注为 KBO，更为常见，意义相同）。

（2）消防动力回路的开关不可带有长延时保护的热脱扣器，只能仅设置短路瞬时保护的单磁脱扣器，理由为消防设备的持续供电要比保护电机过热更为重要。

2. 控制原理

前文已经有过 CPS 的原理介绍，但更多反映了国产品牌的特点，一次图案例相同，不再重复，反映在控制原理图中国内与国外品牌还是有所差别，本节以 ABB 产品为例，对消防供电的系统二次图做一介绍。

本案例是一组消防设备，其中有两台消防平时兼用的风机设置了控制与保护开关电器 CPS，其控制逻辑前文有述，这里仅介绍接线。

（1）转换开关。参见图 6-24、图 6-25 及图 6-26，以 1 号风机为例，2 号风机均将系统中编号 n 改为 2 即可。1SA 转换开关两侧为线号 101（照片中二次的电源没有表达线号，为线号 101）、线号 105 为手动操作接点，线号 101、115 为自动操作接点，转换开关前侧可见线号 121、123 的接点，对照系统为外放的自动运行状态返回信号。

图 6-24　双电源互投盘面设备照片

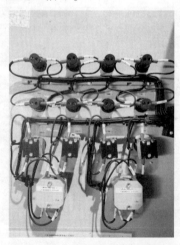

图 6-25　双电源互投背板接线照片

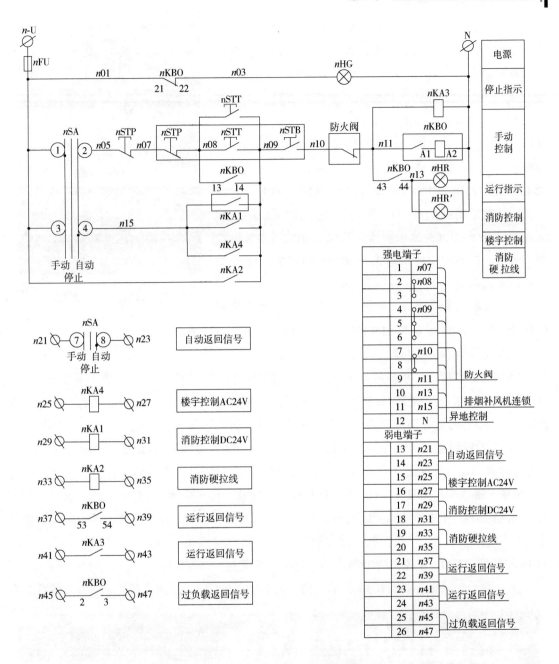

图 6-26　CPS 盘厂二次原理示意

（2）按钮接线。1STP 为停止按钮，两侧为线号 105 及 107；1STT 为启动按钮，两侧为线号 108 及 109。nSTB 为复合开关，完成 1STP 及 1STT 之间的互锁，线号 109 及 110。

（3）信号指示灯。合闸运行红色指示灯 1HR，两侧为 113 及 N，停止绿色指示灯 1HG，两侧为 103 及 N，启动后，排烟风机侧 1KBO 常开触点闭合 13～14 位补风机侧常开触点闭合，联锁排烟补风机，合闸运行红色指示灯 HR 点亮，远程运行红色指示灯 HR' 亦点亮，21～22 位 KBO 内置常闭触点为打开状态，停止绿色指示灯 HG 熄灭。

（4）KBO 接线。KBO 内置线圈 A2 起停按钮 A1 两侧为 111、N 接点，KBO 接线点在左上端，其运行动作段的常开触点内在编号为 13～14，外在接线线号为 108 及 109，由图 6-27 可见在 CPS 的左侧贴在开关边上。其运行指示常开触点内在编号为 43～44，外在接线线号为 111 及 113，在 CPS 的右侧辅助触点的后侧上下。其运行返回信号的常开触点内部编号为 53～54，外在接线线号为 137 及 139，在 CPS 的左侧辅助触点的后侧上下。停止指示段的常闭触点 1KBO，接线线号为 101 及 103。如图 6-27 及图 6-28（见文前彩插）所示，辅助触点的设置更为灵活，拼插式模块式结构，分别贴附式安装于开关两侧边上，固定于柜架，分别为前侧上下。

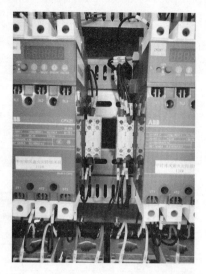

图 6-27　CPS 二次原理案例照片 1

与前文案例不同之处：本型号 CPS 设有过负荷报警的功能，如图 6-27 可见为 CPS 的左外侧上端，常开触点内在编号为 2、3，绿色接线端子，外在接线线号为 145 及 147。

（5）继电器接线。系统可见 1 号风机有 1KA1、1KA2、1KA3、1KA4 四只中间继电器，对应图 6-29，1KA1 为消防联动信号，1KA1 的线圈接点为线号 129 及 131，均在下侧后排右侧两点，1KA1 的常开触点接点为线号 109 及 115，最右上下两端；1KA2 为消防硬拉线信号，1KA2 的线圈接点为线号 133 及 135，均在下侧中间前排两点，1KA2 的常开触点接点为线号 109 及 101，最右侧上下两端；1KA3 为运行返回信号，1KA3 的线圈接点为线号 111 及 N，均在下侧后排右侧两点，1KA3 的常开触点为外放，接点为线号 141 及 143，最右上下两端；1KA4 为楼宇自控信号，照片中漏标其代号，是在 1KA3 右侧的继电器，1KA4 的线圈接点为线号 125 及 127，均在下侧后排右侧两点，1KA4 的常开触点接点为线号 115 及 109，最右上下两端。2KA1～4 原理同 1KA1～4，这里不再复述。

（6）端子排接线。如图 6-30 所示，也分为 1 号风机段、2 号风机段，1 号风机段系统中

图 6-29　CPS 中间继电器接线照片

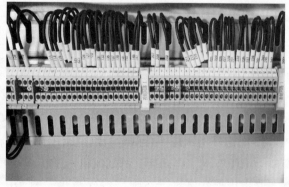

图 6-30　CPS 端子排接线照片

可见接点 108 及 109，作用为远控启动按钮 1STT；接点线号 107 及 108，作用为远控启动按钮 1STP；接点线号 110 及 111，作用为防火阀外放信号；接点线号 109 及 115，其运行动作段的常开触点内部编号为 13 ~ 14，作用为消防补风机联锁，这一点也是暖通规范中要求的强制性条文，设计常常表达缺失，但是作为盘厂则不能缺失。

外放信号段中，接点线号 121 及 123，作用为自动返回信号；接点线号 125 及 127，作用为楼宇控制信号；接点线号 129 及 131，作用为消防控制信号；接点线号 133 及 135，作用为消防硬拉线信号；接点 137 及 139，作用为 KBO 运行返回信号，CPS 接线处已做介绍；接点线号 141 及 143，作用为跨过 KBO 时的运行返回信号；接点线号 145 及 147，作用为 KBO 过载返回信号，CPS 接线处已做介绍。

后　记

读者能够看到这里，不管是草草浏览还是认真阅读，作为作者，我都十分感谢，唯一的希望是没有浪费您的时间，任何书籍都不可能完美，如果能吸取其中哪怕一点自己感兴趣的或对自己有用的部分，那就是有所收获。

说得这么不自信，是因为，虽然每本书我都认真地编写，但认真并不代表实力，这本书对于老白而言，确实也非擅长。尤其高压的部分，设计院并非经常能接触到，而其二次原理部分更是鲜有由设计院完成的，但作为完整的建筑电气二次原理组成部分，我还是尽力补充上了其基础要点。

因此，本书的写作过程极为艰辛，所以读者若发现书中有错误的时候，请能够理解并不吝赐教，在能力允许的范围内，老白已经尽力。

从四年前开始犹豫，是不是来写这么一本不擅长的书，有时觉得这不该是我的责任，也未必有能力完成。但盘厂的技术人员不会去写，因为这些内容只是方便了设计人员，对于自己并没有多少益处，也就缺少了动力。

供电单位的技术人员或是大学老师完成这种书籍可能并不难，资源丰富，也有案例，但有一点他们确实不清楚，那就是设计师需要什么样的二次原理介绍，因为技术差距实在太大了，他们把想当然的内容写在上面，对于设计院的工程师来说则可能是"天书"，这么比喻并不为过，所以需要一本作为阶梯的读物来衔接。

设计院的工程师也少有人去写，或是已经没有能力，这些年"自废武功"的设计人员太多；或是觉得性价比太低，建筑电气的世界发展太快，淘汰书籍只需要用个一两年；而且现在喜欢读书的人少，读与考试无关的书的人更少，毕竟二次原理并非审查内容，虽然重要，但没有硬性要求，所以愿意主动学习的人就更少了。

犹豫再三，还是我来写吧，我做过设计、施工、甲方、监理、外审，虽一无所长，但也没什么可短，串接知识点是我的强项，适合做衔接知识的桥梁工作。

三年前抱着试试的心态开始写作，内容准备按模块化完成，最后组合成型，这是完成一件琐事的最佳思路，即便缓慢前行，过程中还是困难重重，几度想要放弃。

一次偶然，盘厂朋友邀我去钓鱼，鱼一条没有钓到，但收获颇丰，我拍到了不少关于配电柜的照片，从此一发而不可收拾，又把这件事拣了起来，连同他的朋友，我一共去了各种开关柜厂不下十次，终于在广泛收集资料的基础上，有了些许底气，这也是本书的亮点之一，那些照片可以让设计师足不出户，就能了解到接线的重点。

即便有了这些内容，部分的技术难点还是让人费心费神，我当然要承认自己的不足和能力有限。本书除了自己的书籍，没有参考、引用一本文献，能查询的只有百度搜索等，不是不想问，是真的不知道能去问谁，所问的问题太边缘，所写的内容也并不常规。我作为中国建筑标准设计研究院的教授级高工，都深深感觉技术层次的欠缺，初入行的设计师一定更是感受深刻，这也是我们要去做一些基础工作的必要性，没有基础，何来高峰。

对比攻陷每个技术难点而言，我更缺乏时间。繁忙的工作，能够剩余的大段时间真的不多，为了完成这本小书，我居然定下了十年的计划，但随着疫情的到来，作为每天河北、北京双城生活的人，深受影响，一共六次的居家工作，对我而言却为完成本书写作提供了条件，并最终使之成型。

回顾写作历程，屡屡放弃，身体要垮，没有时间，问题无解，但始终有一颗赤诚的心，并有为之努力的责任感，这些也就都不是事了。能够写到后记，我对于自己的要求已经没有多高，自认已经拼尽全力，即便不完美，也已是天花板。对于施工图的电气设计人员而言，本书已经够用，虽然粗陋，确实是一块好的垫脚石，在电气设计日渐流水线化的今天，能够拥有对电气设计知识的全方面了解，才是生存之道。

希望笔者的这一点微薄之力，能够给设计师带来一点收获，并因此获得一点勇气，同时也希望能给予年轻人一种坚持的信心，更希望这个行业生生不息，越来越好，能够如此，编者心愿足矣。

这书大概率是我写的最后一本专业书籍，对于这个行业的付出，自觉已经倾尽全力，从最基础做起，有联络其基础纵向知识点的《建筑电气常见强电设计指导及实例》《建筑电气弱电系统设计指导与实例》，有完善设计全链条的《民用建筑电气审图要点解析》，直到这本，完善最薄弱点的《建筑电气常见二次原理图设计与实际操作要点解析》，对于电气的基础理解基本完善，其余可以进行类推演绎，理念比具体的知识更加有用。

特别感谢机械工业出版社建筑分社薛俊高副社长给予的机会，我们认识了四年，约稿了四年，四年中出版业变化很大，但他始终给予我支持和信任，因我们都深信，做一本有社会和行业价值的书，即便不会大卖，也值得我们为之而努力和用心付出。

特别感谢给予过支持的开关柜厂、设备厂等，不一一罗列，全书中有厂家标志及型号类别，均为公开资料。上面罗嗦了半天，显然鉴于笔者的能力和知识面，本书内容难免有错误和疏漏之处，欢迎读者批评指正。

白永生

2022 年 7 月 1 日